Investitionsmanagement mit SAP® inkl. Neuerungen in SAP S/4HANA

2., erweiterte Auflage

Robin Schneider

Willkommen bei Espresso Tutorials!

Unser Ziel ist es, SAP-Wissen wie einen Espresso zu servieren: Auf das Wesentliche verdichtete Informationen anstelle langatmiger Kompendien – für ein effektives Lernen an konkreten Fallbeispielen. Viele unserer Bücher enthalten zusätzlich Videos, mit denen Sie Schritt für Schritt die vermittelten Inhalte nachvollziehen können. Besuchen Sie unseren YouTube-Kanal mit einer umfangreichen Auswahl frei zugänglicher Videos:

https://www.youtube.com/user/EspressoTutorials.

Kennen Sie schon unser Forum? Hier erhalten Sie stets aktuelle Informationen zu Entwicklungen der SAP-Software, Hilfe zu Ihren Fragen und die Gelegenheit, mit anderen Anwendern zu diskutieren:

http://www.fico-forum.de.

Eine Auswahl weiterer Bücher von Espresso Tutorials:

- Andreas Unkelbach, Martin Munzel: Schnelleinstieg ins SAP® Controlling (CO)
  http://4004.espresso-tutorials.com
- Stefan Eifler: Schnelleinstieg in die SAP®-Ergebnisrechnung (CO-PA)
  http://5001.espresso-tutorials.com
- Andreas Jansen: Schnelleinstieg in das SAP®-Produktkosten-controlling (CO-PC)
  http://5099.espresso-tutorials.de
- Andreas Unkelbach: Berichtswesen im SAP®-Controlling
  http://5150.espresso-tutorials.de
- Claus Wild, Janet Salmon: Schnelleinstieg in SAP® S/4HANA Finance
  http://5151.espresso-tutorials.de
- Martin Munzel, Renata Munzel: Projektcontrolling mit SAP® PS
  http://5156.espresso-tutorials.de

Bibliografische Information der Deutschen Bibliothek
Die Deutsche Bibliothek verzeichnet diese Publikation in der Deutschen Nationalbibliografie; detaillierte bibliografische Daten sind im Internet über http://dnb.ddb.de abrufbar.

Robin Schneider
Investitionsmanagement mit SAP® inkl. Neuerung in SAP S/4HANA
2., erweiterte Auflage

ISBN: 978-3-960127-27-7

Lektorat: Anja Achilles

Korrektorat: Christine Weber

Coverdesign: Philip Esch

Coverfoto: © euregiocontent, Bild 42103533 – stock.adobe.com

Satz & Layout: Johann-Christian Hanke

2. Aufl. 2018, Gleichen

URL: *www.espresso-tutorials.de*

Feedback:
Wir freuen uns über Fragen und Anmerkungen jeglicher Art. Bitte senden Sie diese an: *info@espresso-tutorials.com*.

Inhaltsverzeichnis

Einleitung

Welche Auswirkungen hat die Einführung von SAP S/4HANA auf die Abwicklung von Investitionen unter Verwendung des Moduls Investitionsmanagement (IM) mit den Modulen SAP-Finanzwesen, SAP-Anlagenbuchhaltung, SAP-Controlling und SAP-Projektsystem? Diese zweite, erweiterte Auflage zeigt Ihnen neben den grundlegenden Funktionen von SAP IM alle entsprechenden Änderungen gegenüber der vertrauten Arbeitsweise.

Der praktische Leitfaden befasst sich insbesondere mit den Funktions- und Arbeitsweisen des Moduls Investitionsmanagement. Um diese zu verdeutlichen, habe ich die fiktive Firma Imsol GmbH ersonnen und zeige an diesem Beispiel schrittweise die Abwicklung von Investitionen in SAP S/4HANA.

Zunächst gehe ich auf die Bedeutung von Investitionen für Unternehmen und Konzerne im Allgemeinen ein und befasse mich kurz mit der Systematik der Phasen und Bewertungsmethoden von Investitionen. In einem weiteren Abschnitt erhalten Sie einen Überblick über die Funktionalitäten des SAP-Rechnungswesens sowie die Integration der Investitionsabwicklung mit den SAP-Modulen Finanzwesen, Finanzbuchhaltung, Projektsystem und Controlling.

In den Kapiteln 2 bis 5 wird am oben genannten Beispiel der Imsol GmbH genauer auf die Arbeitsweise mit SAP IM eingegangen. Hierzu schauen wir uns insbesondere die Themen »Planung und Budgetierung« sowie »Investitionsdurchführung« und »Investitionsabrechnung« an. Weiterführend gibt Kapitel 6 einen Ausblick auf den Jahreswechsel.

In Kapitel 7 beleuchte ich kurz das aktualisierte Berichtswesen. Abschließend werden wir im neu ergänzten Kapitel 8 die Verwendung von einzelnen »Kacheln« des SAP Fiori® Launchpads im Investitionsmanagement betrachten.

Das vorliegende Buch richtet sich an Anwender und Mitarbeiter in den Fachabteilungen, die einen komprimierten gesamtheitlichen Überblick über die wesentlichen Inhalte und Funktionen sowie die Integration der Investitionsabwicklung im SAP-System bekommen möchten. Über die Arbeiten im Customizing, die Stammdatenpflege und das Erfassen von Bewegungsdaten werden Sie anhand des Fallbeispiels Imsol GmbH Schritt für Schritt in das Thema eingeführt. Am Ende sollten Sie in der Lage sein, das Investitionsmanagement in Ihrem Unternehmen entsprechend einzurichten und umzusetzen.

Im Text verwenden wir Kästen, um wichtige Informationen besonders hervorzuheben. Jeder Kasten ist zusätzlich mit einem Piktogramm versehen, das diesen genauer klassifiziert:

Hinweis

Hinweise bieten praktische Tipps zum Umgang mit dem jeweiligen Thema.

Warnung

Warnungen weisen auf mögliche Fehlerquellen oder Stolpersteine im Zusammenhang mit einem Thema hin.

Gender-Anmerkung

Um den Lesefluss nicht zu beeinträchtigen, wird im vorliegenden Buch bei personenbezogenen Substantiven und Pronomen zwar nur die gewohnte männliche Sprachform verwendet, stets aber die weibliche Form gleichermaßen mitgemeint.

Hinweis zum Urheberrecht

Sämtliche in diesem Buch abgedruckten Screenshots unterliegen dem Copyright der SAP SE. Alle Rechte an den Screenshots hält die SAP SE. Der Einfachheit halber haben wir im Rest des Buches darauf verzichtet, dies unter jedem Screenshot gesondert auszuweisen.

1 Einführung in das Investitionsmanagement mit SAP

Das Softwaremodul SAP-Investitionsmanagement unterstützt Unternehmen in allen Investitionsphasen: von der Planung, Bewertung und Entscheidungsfindung über die Abwicklung bis hin zur Abrechnung sowie abschließenden Kontrolle und Reporting.

1.1 Investitionsmanagement und Investitionscontrolling – Basis für den Erfolg eines Unternehmens

Investitionen sind von zentraler Bedeutung für die Wettbewerbsfähigkeit von Unternehmen und besitzen daher im Rahmen wirtschaftlicher Aktivitäten einen hohen Stellenwert.

Mit Investitionen werden Vorentscheidungen über zukünftige Kosten und Erträge getroffen und die Weichen für die Positionierung eines Unternehmens im Markt- und Wettbewerbsumfeld gestellt. Investitionsentscheidungen sind meist charakterisiert durch hohe und langfristige Kapitalbindungen. Fehlinvestitionen lassen sich selten kurzfristig revidieren, sodass sie eine nachhaltige Verschlechterung der Profitabilität nach sich ziehen und zu größerer Kapitalvernichtung bis hin zur Existenzgefährdung des Unternehmens führen können.

Daraus lässt sich ableiten, dass Investitionsbeschlüsse zu den wichtigsten Entscheidungen gehören, die die Unternehmensführung zu treffen hat.

Zudem wirkt sich die Entscheidung, eine Investition durchzuführen meist auf viele Bereiche im Unternehmen aus. So muss z. B. die Finanzabteilung die Deckung des Kapitalbedarfs sicherstellen und/oder die Fertigung muss Produktionsprogramme und Produktionskapazitäten anpassen. Man spricht daher auch gerne vom *Querschnittscharakter* von Investitionen, da Koppelungen zu fast allen betrieblichen Funktionsbereichen auftreten. Um sicherzustellen, dass die Unternehmenszielsetzung erreicht wird, sind diese Kopplungen im Unternehmen explizit zu berücksichtigen.

Daher sollte eine Investition im Vorfeld sorgfältig geplant und vorbereitet bzw. auch im weiteren Verlauf nachgehalten und kontrolliert werden. Somit ist die Begleitung von Investitionsvorhaben eine wesentliche Aufgabe im Unternehmen, die meist vom Unternehmenscontrolling als *Investitionscontrolling* wahrgenommen wird.

1.1.1 Ziele des Investitionscontrollings

Zu den Zielen des Investitionscontrollings gehören:

- Investitionsplanung,
- Investitionsrealisation,
- Investitionskontrolle,
- Koordination von Einzelinvestitionen mit Unternehmensinvestitionsprogrammen,
- Berücksichtigung anlagenwirtschaftlicher Aspekte während der Nutzungsdauer sowie
- Bereitstellung unterschiedlicher Informationen zur besseren Investitionsbeurteilung und damit Erhöhung der Transparenz gegenüber· der Unternehmensleitung.

1.1.2 Anforderungen an ein Investitionscontrolling

Neben den oben aufgeführten Aspekten sollte das Investitionscontrolling nachfolgende Anforderungen erfüllen:

- Festlegung des Investitionsbudgets,
- Betriebs- und finanzwirtschaftliche Beurteilung der Investition,
- selbstständiges Anregen von Investitionen,

- Prüfung und Beurteilung der Realisierbarkeit sowie Überwachung und Kontrolle von Investitionsvorhaben,
- Bereitstellung der methodischen und technischen Infrastruktur für eine phasenübergreifende Investitionsbegleitung,
- neutrale Unterstützung sowie Disziplinierung der Projektverantwortlichen,
- Erfassung möglicher Interdependenzen zwischen den einzelnen Investitionen,
- Darstellung eines Bindeglieds zwischen Unternehmensstrategie, daraus abgeleiteter Investitionspolitik und konkreten Investitionsprojekten,
- risikoorientierte Steuerung des Investitionsportfolios (Frühwarnsystem).

1.1.3 Klassifizierung von Investitionen

Investitionen lassen sich in die drei Kategorien *Art, Zielsetzung* und *Zeitaspekt* klassifizieren (siehe Abbildung 1.1).

Abbildung 1.1: Klassifizierung von Investitionen

Die einzelnen Klassifizierungen werden Ihnen in den folgenden Abschnitten näher erläutert.

Investitionsobjekt

Es lassen sich drei verschiedene Objekte (in der Literatur wird auch der Begriff »Investitionsart« verwendet) von Investitionen unterscheiden:

Von *Sachinvestition oder Realinvestition* spricht man, wenn eine Investition darauf abzielt, den betrieblichen Produktionsprozess zu erhalten, zu verbessern und/oder zu erweitern. Zu diesen Investitionen zählen neben Maschinen auch Grundstücke, Gebäude, Werkzeuge, Vorräte, Fahrzeuge usw.

Investitionen zum Zweck des Erwerbs von Wertpapieren oder Forderungen (z. B. Bankguthaben, Pfandbriefe, Kommunalobligationen) bezeichnet man als *Finanzinvestitionen*.

Die dritte Investitionsart sind die *immateriellen Investitionen,* d. h. solche in Know-how und Patente. Hierzu gehören Investitionen in Forschung, Entwicklung, Werbung, Ausbildung oder Sozialleistungen.

Zielsetzung von Investitionen

Im weiteren Verlauf dieses Buches werden wir uns auf Sachinvestitionen fokussieren. Diese lassen sich nach dem Kriterium der Zielsetzung von Investitionen weiter unterteilen:

- *Errichtungsinvestitionen*: Erstmalige Beschaffung eines Betriebsmittels (z. B. neue Fabrik).
- *Ersatzinvestitionen*: Ersatz alter durch neue Betriebsmittel. Mithilfe von Ersatzinvestitionen will man die wirtschaftliche Leistungsfähigkeit einer Unternehmung erhalten. Sie dienen dem Ersatz veralteter oder abgenutzter Produktionsmittel. Als Nebeneffekt einer solchen Investition kann sich eine gewisse Kapazitätserweiterung oder eine Verbesserung der Produktionsstruktur, z. B. wegen hoher Instandhaltungskosten, ergeben.
- *Erweiterungsinvestitionen*: Erweiterung bestehender Betriebsmittel, Produktionseinrichtungen. Mit dieser Investition

erhöht man die vorhandene Leistungskapazität. Hauptanwendungsfälle von Erweiterungsinvestitionen sind z. B. die Vergrößerung einer bestehenden Produktionsanlage oder Errichtung einer Filiale bzw. eines Zweigwerks, etwa aufgrund hoher Nachfrage.

- *Rationalisierungsinvestitionen*: zur Verbesserung der wirtschaftlichen Leistungsfähigkeit. Das Ziel der Rationalisierungsinvestition besteht in der Kostensenkung, etwa durch Einsparung von Arbeitskräften (Ersetzung durch automatische Betriebsmittel) oder Energiekosten. Diese Investitionsart ist jeweils mit Ersatz- oder Erweiterungsinvestitionen verbunden (z. B. Bankautomat).
- *Sozial- und Sicherheitsinvestitionen*: Verbesserung von Arbeitsbedingungen, z. B. durch Schaffung von Kindertagesstätten, ergonomischen Arbeitsplätzen, Kantinen, Gemeinschaftsräumen, Errichtung von Sprinkleranlagen.

Zeitaspekte der Investition

Bei der Betrachtung des zeitlichen Aspekts unterscheiden wir zum einen die Nutzungsdauer und zum anderen den Zeitablauf von Investitionen.

Das Investitionscontrolling enthält sowohl eine strategische als auch eine operativ/taktische Dimension. Das *strategische Investitionscontrolling* zielt insbesondere auf das Erkennen langfristiger Erfolgsfaktoren und die Sicherung sowie Schaffung neuer Erfolgspotenziale. Hierzu zählt auch die langfristige Steigerung von Effektivität und Effizienz strategischer Investitionen.

Innerhalb des vom strategischen Investitionscontrolling vorgezeichneten Rahmens bewegt sich das *operativ/taktische Investitionscontrolling*. Hier geht es vornehmlich um eine kurz- bis mittelfristige, sinnvolle Sicherung und Nutzung der wirtschaftlichen Potenziale.

Organisatorisch ist das strategische Investitionscontrolling oftmals zentral dem Konzerncontrolling zugeordnet, während das operative Investitionscontrolling eher in den dezentralen Einheiten angesiedelt ist.

Zeitfrequenz

Unter dem Aspekt der Zeitfrequenz unterscheiden wir im Wesentlichen *Gründungsinvestitionen* und *laufende Investitionen*.

Von »Gründungsinvestitionen« spricht man, wenn es sich um die Gesamtausgaben für die Errichtung und Erstausstattung eines Betriebs sowie für den Aufbau seiner inneren und äußeren Organisation bis zur erstmaligen Erstellung von Gütern oder Dienstleistungen handelt. Die darauffolgenden Ausgaben werden entsprechend als »laufende Investitionen« bezeichnet.

1.2 Phasen des Investitionsprozesses

Der Investitionsprozess läuft üblicherweise in verschiedenen Phasen ab. Schaut man zu diesem Thema in die Literatur, so sind die Detaillierung der Prozesse und die Anzahl wie auch die Bezeichnung der Prozessphasen recht uneinheitlich.

1.2.1 Das 4-Phasen-Modell

In diesem Buch folgen wir der Einteilung des Investitionsprozesses in die vier Phasen Ideenfindung, Bewertung und Entscheidung, Realisierung sowie Betrieb und Auslauf.

In der *Ideenfindungsphase* stehen die Anregung von Investitionen und damit die Vergegenwärtigung der Problemstellung, die Beschreibung des Investitionsvorhabens sowie die Suche nach alternativen Handlungsmöglichkeiten im Vordergrund.

Im Rahmen der *Bewertungs- und Entscheidungsphase* erfolgen die Festlegung der Bewertungskriterien und die Ermittlung der Investitionsalternativen. Weiterhin wird in dieser Phase die Vorauswahl und Bewertung der Handlungsmöglichkeiten sowie die Auswahl der optimalen Investitionsalternativen durchgeführt.

Während der *Realisierungsphase* stehen die Vorbereitung und Durchführung von Investitionen sowie die Investitionssteuerung, d. h. die zeitliche Koordination der verschiedenen Tätigkeiten, im Mittelpunkt.

Der letzten, der *Betriebs- und Auslaufphase* obliegt es, die Maßnahmen am Ende der Nutzungsdauer auszuführen sowie Plan-Ist- und Soll-Ist-Vergleiche durchzuführen und Abweichungen zu analysieren, um rechtzeitige Anpassungsmaßnahmen durchführen zu können, etwa zur Behebung der Mängel. Ein weiterer Aspekt dieser Phase ist die Gewinnung von Erfahrungswerten für zukünftige Planungen.

Abbildung 1.2 fasst das Modell mit den einzelnen Phasen übersichtlich zusammen:

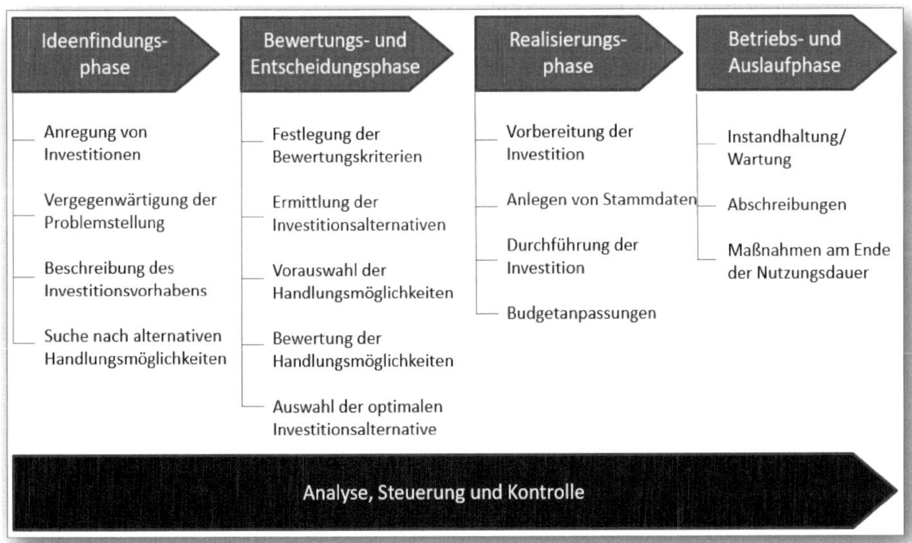

Abbildung 1.2: 4-Phasen-Modell, Investitionsprozess

Begleitend zu diesen vier Phasen findet ständig eine *Analyse, Kontrolle und Steuerung* – zum Beispiel durch regelmäßige Berichterstattung, Kontrolle des Ausschöpfungsgrades des Budgets und/oder Steuerung der Investition in ihrem zeitlichen Ablauf – statt.

1.2.2 Interdependenzen des Phasenmodells

Interdependenzen sind wechselseitige Abhängigkeiten zwischen den einzelnen Phasen. Insbesondere folgende Interdependenzen lassen sich bei der Investitionsabwicklung erkennen:

- Bewertungs- und Entscheidungsphase ↔ Realisierungsphase: Eine optimale Steuerung der Investition setzt voraus, dass zuvor eine hinreichend genaue Planung erfolgte. Im Rahmen der Realisation einer Investition können Rückschlüsse für Plananpassungen gewonnen werden.
- Bewertungs- und Entscheidungsphase ↔ Analyse, Kontrolle und Steuerung: Ohne Planung ist keine Kontrolle möglich. Ergebnisse der Investitionskontrolle sind wichtig für das laufende Investitionsprojekt und für Folgeinvestitionsprojekte.
- Realisierungsphase ↔ Analyse, Kontrolle und Steuerung: Die Umsetzung der Investition wird durch die laufende Kontrolle begleitet. Festgestellte Abweichungen führen zu Anpassungen im Rahmen der laufenden Investitionsabwicklung.

1.2.3 Das 4-Phasen-Modell im SAP

Bezogen auf die noch zu erklärende Investitionsabwicklung unter Verwendung des SAP-Systems zeigt Abbildung 1.3 vorab die Transformation des 4-Phasen-Modells auf die SAP-Welt.

Abbildung 1.3: 4-Phasen-Modell, bezogen auf SAP

In den vier Phasen kommen die unterschiedlichen SAP-Objekte, Funktionen und Auswertungen zur Anwendung.

1.3 Verfahren der Investitionsbewertung

Nachdem Sie die vier Phasen des Investitionsprozesses kennengelernt haben, wenden wir uns nun der Bewertung von Handlungsmöglichkeiten und der Auswahl optimaler Investitionsalternativen zu. Die Aufstellung einer aussagefähigen Bewertung und die darauffolgende Aufstellung einer Rangfolge erfordert es, sämtliche Investitionsalternativen nach denselben Bewertungsverfahren zu beurteilen. Diese Einschätzung kann nach monetären und/oder nach nicht monetären Kriterien erfolgen. Die in diesem Abschnitt betrachteten Investitionsrechnungen orientieren sich grundsätzlich an monetären Aspekten (siehe Abbildung 1.4).

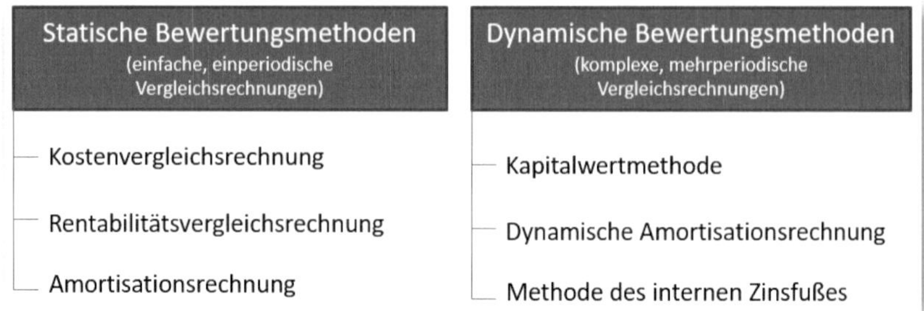

Abbildung 1.4: Verfahren der Investitionsbewertung

Es wird an dieser Stelle bewusst auf eine detaillierte Darstellung von Methoden, Definitionen, Rechenverfahren usw. verzichtet. Diese sind in der betriebswirtschaftlichen Literatur und im Internet an vielen Stellen ausführlich beschrieben und diskutiert.

1.3.1 Statische Bewertungsmethoden

Die statischen Bewertungsmethoden sind einfache, einperiodische Vergleichsrechnungen. Als Entscheidungskriterien dienen die Kosten, die Rentabilität oder die Amortisationszeit. Man geht davon aus, dass die Verhältnisse in jeder Investitionsperiode (z. B. einem Geschäftsjahr) ungefähr gleich bleiben. Sind Zinsen zu berücksichtigen, so wird das Mittel aus Anschaffungswert und Restwert als Basis verwendet. Die Berechnungen können mithilfe eines Taschenrechners oder einfacher Excel-Tabellen mühelos durchgeführt werden.

- Kostenvergleichsrechnung: Verglichen werden die Kosten, die durch die Investitionsmöglichkeiten im Durchschnitt pro Periode (meist pro Jahr) verursacht werden.
- Rentabilitätsvergleichsrechnung: Verglichen wird die Verzinsung des eingesetzten Kapitals.
- Amortisationsrechnung: Verglichen wird der Zeitraum, in dem das investierte Kapital wieder in das Unternehmen zurückfließt.

1.3.2 Dynamische Bewertungsmethoden

Die dynamischen Bewertungsmethoden sind komplexe mehrperiodische Vergleichsrechnungen. Es werden alle Einzahlungen und Auszahlungen berücksichtigt, die durch die Investition verursacht werden. Folgende Verfahren können unterschieden werden:

- *Kapitalwertmethode*: Verglichen werden die Ein- und Auszahlungen über alle Perioden. Sie werden finanzmathematisch (d. h. unter Berücksichtigung von Zinseszinsen) abgezinst. Damit wird bedacht, ob die Ein- und Auszahlungen eher zu Beginn oder zum Ende der Investitionsdauer bzw. ob sie gleichmäßig anfallen.
- *Dynamische Amortisationsrechnung*: Verglichen wird der Zeitraum, in dem das investierte Kapital unter Berücksichtigung von Zinseszinsen wieder in das Unternehmen zurückfließt.
- *Methode des internen Zinsfußes*: Es wird finanzmathematisch ermittelt, mit welchem Zinsfuß sich die Investitionsalternativen verzinsen.

Nachdem Sie in den Abschnitten 1.1 bis 1.3 einen kurzen Einblick in die Bedeutung und die Phasen von Investitionen erhalten sowie Bewertungsmethoden zur Investitionsabwicklung kennengelernt haben, betrachten wir im folgenden Abschnitt den Aufbau und den systematischen Zusammenhang der Investitionsabwicklung mit den SAP-Modulen Finanzwesen, Finanzbuchhaltung, Projektsystem, Instandhaltung und Controlling.

1.4 Investitionsmanagement im SAP ERP – Aufbau und systematischer Zusammenhang ausgewählter SAP-Module

Das Produkt SAP ERP Central Component und sein Vorgänger SAP R/3 sind ERP (Enterprise-Ressource-Planning)-Anwendungen, die alle geschäftsrelevanten Bereiche eines Unternehmens im Zu-

Die Anwendung der jeweiligen Funktionen des SAP-Standardsystems erfolgt ebenfalls menügeführt über das sogenannte *SAP-Easy-Access-Menü*, dargestellt in Abbildung 1.6.

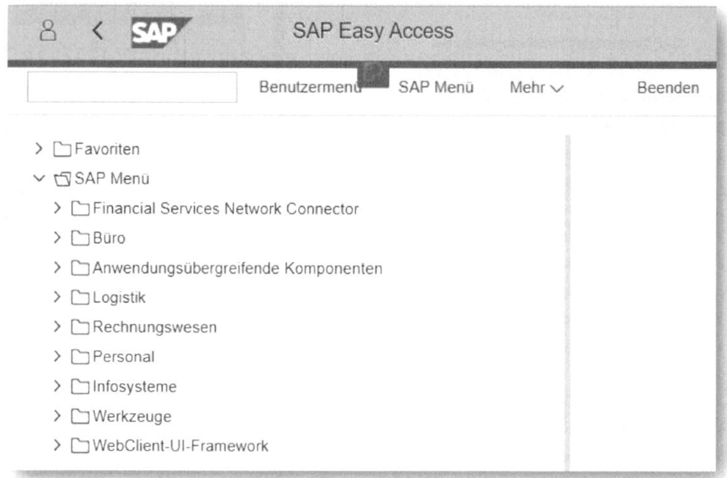

Abbildung 1.6: SAP-Menübaum – »SAP Easy Access« im SAP S/4HANA

Das Anwendungsmenü ist seinerseits in Anwendungsmodule unterteilt. Unter anderem finden wir hier auch Module, die die betriebswirtschaftlich geprägten Prozesse eines Unternehmens abbilden. Im Wesentlichen sind in diesem Zusammenhang die SAP-Module für Logistik, Rechnungswesen und Personal zu nennen (siehe Abbildung 1.7). Diese untergliedern sich in weitere Teilkomponenten und sogenannte Ebenen, deren Anzahl vom jeweiligen Umfang der Komponente abhängt.

Abbildung 1.8 zeigt die zu den betriebswirtschaftlichen Kernfunktionen gehörenden Menüeinträge mit der ersten Gliederungsebene.

Abbildung 1.7: Betriebswirtschaftliche Kernfunktionen im SAP ERP

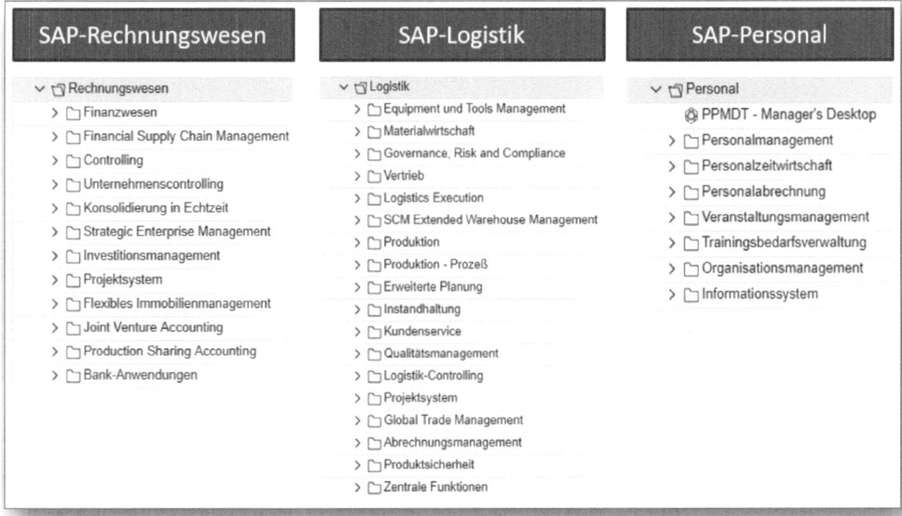

Abbildung 1.8: Betriebswirtschaftliche Kernfunktionen im SAP-Menü unter SAP S/4HANA

Bezogen auf die Investitionsabwicklung, betrachten wir im weiteren Verlauf des Buches die in Abbildung 1.9 gezeigten zentralen Module des SAP-Rechnungswesens:

- Finanzbuchhaltung – SAP FI
- Anlagenbuchhaltung – SAP FI-AA
- Controlling – SAP CO
- Projektsystem – SAP PS
- Investitionsmanagement – SAP IM

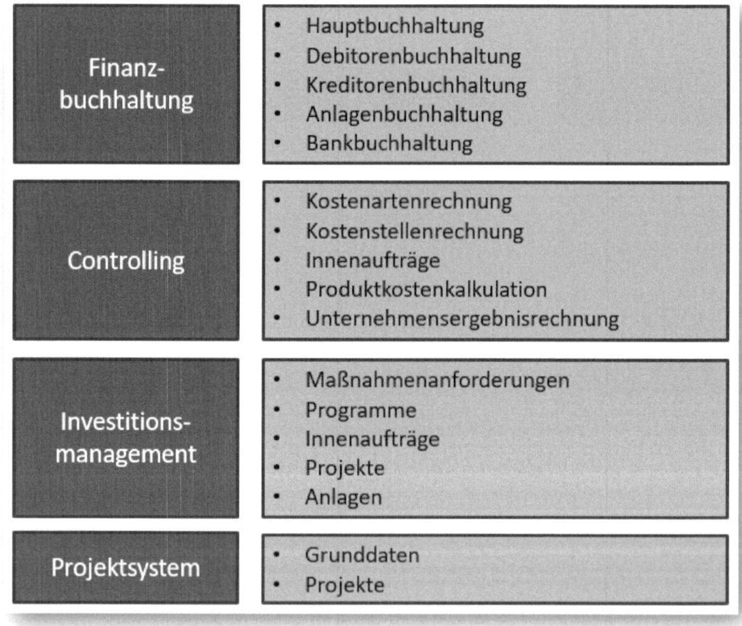

Abbildung 1.9: Ausgewählte Teilkomponenten des SAP-Rechnungswesens

Über die genannten Teilschritte haben wir das Kernmodul dieses Buches erreicht: das SAP-Investitionsmanagement (IM). Dieses Anwendungsmodul unterstützt den Abwicklungsprozess von Investitionen über Ideenfindung, Planung, Budgetierung, Realisierung, Abrechnung und Aktivierung bis hin zum Jahreswechsel. Dabei stehen Funktionen zur Strukturierung und Wirtschaftlichkeitsrechnung zur Verfügung. Im SAP-Verständnis sind Investitionen *Objekte*, die im zeitlichen Ablauf mit Kosten belastet und in einem einheitlichen, gemeinsamen Integrationsgefüge analysiert und verfolgt werden können. Der Funktionsumfang des Investitionsmanagements wird in Abbildung 1.10 verdeutlicht.

Das SAP Investitionsmanagement (IM) unterstützt den Abwicklungsprozess von Investitionen über Ideenfindung, Planung, Budgetierung, Realisierung, Abrechnung und Aktivierung bis hin zum Jahreswechsel. Dabei stehen Funktionen zur Strukturierung und Wirtschaftlichkeitsrechnung zur Verfügung.

Investitionsprogramme	Maßnahmenanforderungen	Investitionsmaßnahmen	Informationssystem
Periodische Planung, Budgetierung und Überwachung maßnahmenübergreifender Investitionsvorhaben von Unternehmen und/oder Konzernen.	Administration und Bewertung von Investitionen und ihrer Varianten bzw. Alternativen in der Ideenfindungs- und Bewertungs- und Entscheidungsphase.	Kostenrechnerische und finanzbuchhalterische Begleitung und Abwicklung einzelner Investitionsmaßnahmen wie CO-Innenaufträge, Projektstrukturplan-elemente und/oder Instandhaltungsaufträge.	Die Perioden- und Investitionsebenenübergreifende Auswertung, Analyse, Steuerung und Verfolgung der Kosten- und Ausgabenentwicklung von Investitionsmaßnahmen durch Plan-Ist-Vergleiche.

Abbildung 1.10: Übersicht Funktionsumfang – Investitionsmanagement

Die dem Funktionsumfang zugeordneten Anwendungen und die weitere Untergliederung des Investitionsmanagements sind in den Menübaumausschnitten in Abbildung 1.11 ersichtlich.

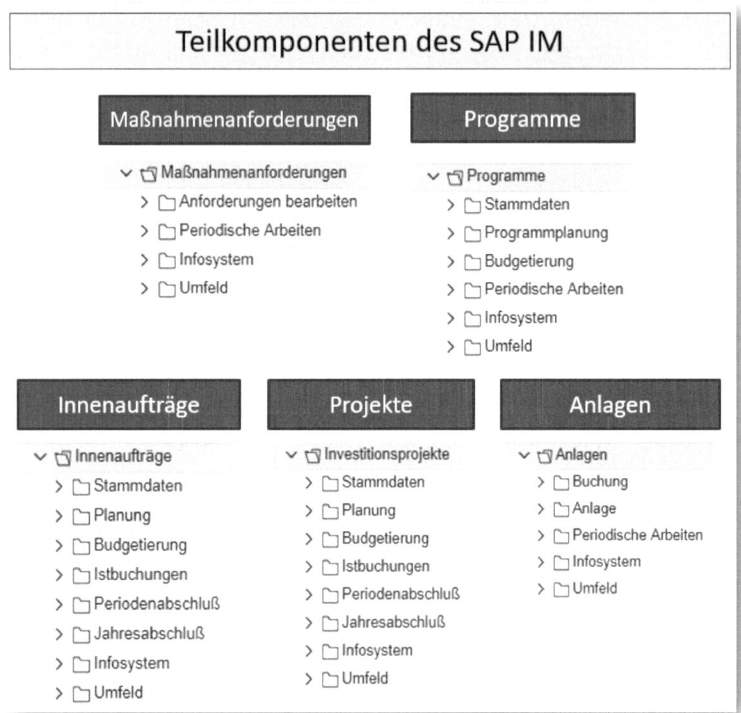

Abbildung 1.11: Teilkomponenten des SAP IM

Nachdem ich Ihnen nun einen Überblick über den strukturellen Aufbau des SAP-Rechnungswesens gegeben und dargestellt habe, wie das Investitionsmanagement dort eingeordnet ist, schauen wir uns im nächsten Kapitel die Objekte des SAP-Investitionsmanagements an und klären deren Funktionen im Rahmen der Investitionsabwicklung.

2 Investitionsobjekte im SAP

Um die prozessuale Abwicklung und den Wertefluss bei Investitionen im SAP abbilden zu können, benötigen wir als Medium entsprechende SAP-Objekte. Diese möchte ich in nachfolgendem Kapitel darstellen und näher untersuchen.

Bei der Abwicklung von Investitionen bedient sich das Modul SAP IM zum einen eigener Objekte wie

- Investitionsprogrammen oder
- Maßnahmenanforderungen,

zum anderen werden aber auch Objekte aus anderen Modulen herangezogen, wie

- Projekte/PSP-Elemente aus dem Modul *Projektsystem (PS)*,
- CO-Innenaufträge aus dem Modul *Gemeinkostencontrolling (CO-OM)* oder
- Instandhaltungsaufträge aus dem Modul *Instandhaltung (PM)*.

Die zuletzt genannten Objekte werden auch *Maßnahmen/Investitionsmaßnahmen* genannt und stellen die eigentlichen Investitionen dar. Abbildung 2.1 zeigt eine Übersicht der im SAP IM verwendeten Objekte.

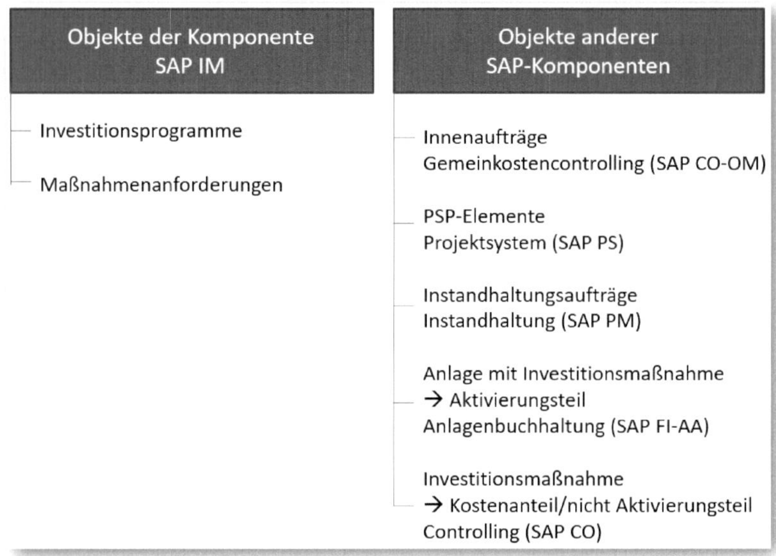

Abbildung 2.1: Objekte im Investitionsmanagement, Übersicht

Neben der vollständigen Modulbezeichnung werden Sie im weiteren Verlauf des Buches auch immer wieder die Modulabkürzungen finden.

In den folgenden Abschnitten werden wir die einzelnen Objekte näher betrachten.

2.1 Investitionsprogramme

Investitionsprogramme unterstützen Unternehmen, die jährlich einen Investitionsplan und/oder ein Investitionsbudget aufstellen sowie übergreifend überwachen möchten. Hier werden die geplanten oder budgetierten Kosten für Investitionen eines Unternehmens/Konzerns in Form einer hierarchischen Struktur dargestellt. Diese ist beliebig definierbar und unabhängig von den Organisationsbegriffen des SAP-Systems wie den Geschäftsbereichen, Werken usw.

Mithilfe von Investitionsprogrammen lassen sich folgende Aspekte darstellen:

- Verwaltung maßnahmenübergreifender Investitionsbudgets ganzer Unternehmen und Konzerne (in einem Kostenrechnungskreis).
- Verwaltung aller Maßnahmen (Aufträge/Projekte) in einem Kostenrechnungskreis, deren Währung/Geschäftsjahresvariante mit der in der Programmdefinition hinterlegten übereinstimmt. Unter diesen Voraussetzungen können insbesondere auch buchungskreisübergreifende Programme definiert werden.
- Stringente und übersichtliche Überwachung der Planungs- und Budgetierungsprozesse in komplexen Unternehmensstrukturen für alle Investitionen der Gruppe.
- Realisierung eines integrierten Planungssystems durch direkte Verbindung zu den operativen Maßnahmen (PSP-Elemente, Aufträge).
- Die Überwachung aller Kosten ermöglicht das rechtzeitige Erkennen von Überschreitungen des übergreifenden Budgets.

2.1.1 Genehmigungsjahr

Eine Besonderheit im Investitionsmanagement stellt das *Genehmigungsjahr* dar. Dieses steht immer im Zusammenhang mit dem Investitionsprogramm, welches stets eindeutig durch eine Bezeichnung und das Genehmigungsjahr identifiziert wird.

Genehmigungsjahr bedeutet, dass das Programm Werte trägt, die in diesem Jahr genehmigt wurden. Diese können sowohl für das Genehmigungsjahr als auch für andere Jahre stehen.

Für genehmigte Budgets und/oder Maßnahmen, die in die Zukunft verschoben werden sollen oder aus anderen Gründen nicht zur Ausführung kommen, kann wie folgt verfahren werden:

- Rückgabe des Budgets an das Programm und erneute Budgetierung der Maßnahme in einem späteren Genehmigungsjahr oder
- Beibehaltung des an die Maßnahme verteilten Budgets und Änderung der Jahresverteilung innerhalb der Maßnahme.

Kostenrechnungskreisübergreifende Investitionsprogramme

Für den Fall, dass Sie im Unternehmen kostenrechnungskreisübergreifende Investitionsprogramme verwenden möchte, müssen alle zugeordneten Kostenrechnungskreise die gleiche Geschäftsjahresvariante und die gleiche Währung verwenden, nämlich die in der Programmdefinition festgelegten. Da der Kostenrechnungskreis innerhalb eines Programmteilbaums nicht wechseln darf, müssen in diesem Fall mehrere Top-Positionen für das Programm angelegt werden – mindestens eine Top-Position je Kostenrechnungskreis.

2.1.2 Programmart

Zur Klassifizierung der Investitionsprogramme richten Sie zunächst die *Programmart* ein. Diese enthält wichtige Steuerungsinformationen und muss beim Anlegen einer Programmdefinition einem Programm zugeordnet werden.

Um die Programmarten zu definieren, rufen Sie bitte folgenden Customizingpfad auf: Investitionsmanagement • Investitionsprogramme • Stammdaten • Programmarten definieren (siehe Abbildung 2.2).

Mit einem Doppelklick auf die jeweilige Programmart gelangen Sie zu den in Abbildung 2.3 dargestellten allgemeinen Parametern.

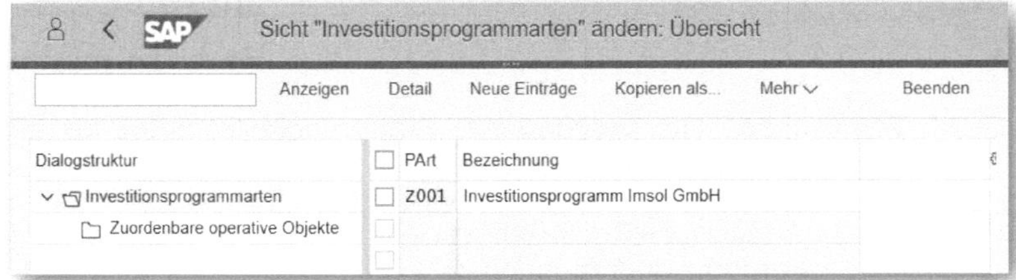

Abbildung 2.2: Stammdaten – Programmart 1

Programmart – allgemeine Parameter

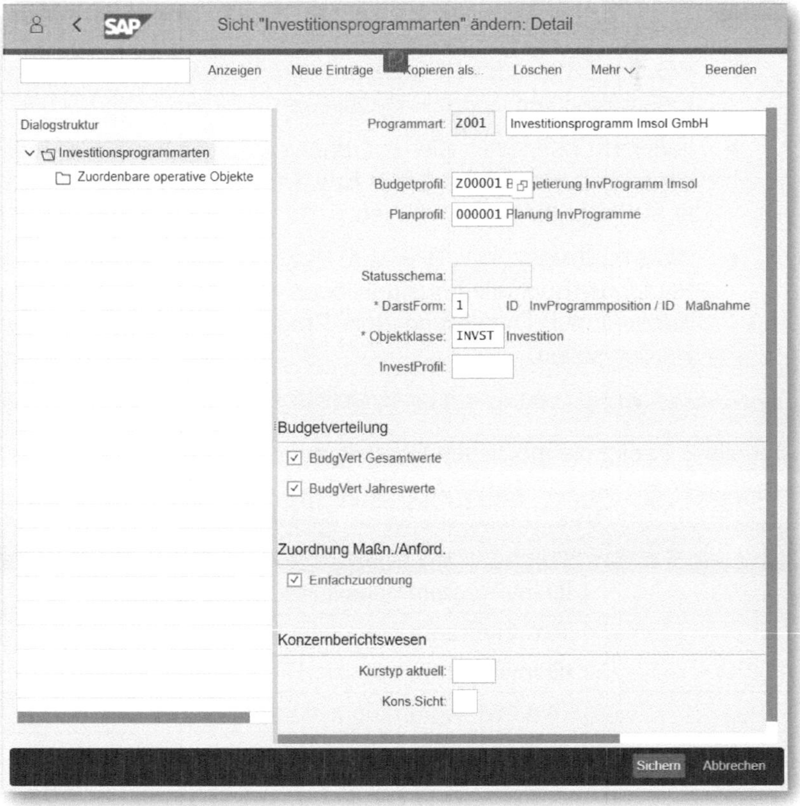

Sicht "Investitionsprogrammarten" ändern: Detail

Anzeigen | Neue Einträge | Kopieren als... | Löschen | Mehr | Beenden

Dialogstruktur
Investitionsprogrammarten
Zuordenbare operative Objekte

Programmart: Z001 Investitionsprogramm Imsol GmbH
Budgetprofil: Z00001 B[…]etierung InvProgramm Imsol
Planprofil: 000001 Planung InvProgramme
Statusschema:
* DarstForm: 1 ID InvProgrammposition / ID Maßnahme
* Objektklasse: INVST Investition
InvestProfil:

Budgetverteilung
☑ BudgVert Gesamtwerte
☑ BudgVert Jahreswerte

Zuordnung Maßn./Anford.
☑ Einfachzuordnung

Konzernberichtswesen
Kurstyp aktuell:
Kons.Sicht:

Sichern | Abbrechen

Abbildung 2.3: Stammdaten – Programmart 2

Folgende allgemeine Parameter können Sie je Programmart hinterlegen:

- PLANPROFIL: Hier werden die Steuerungsparameter für die Kostenplanung zusammengefasst.
- BUDGETPROFIL: Hier werden die Steuerungsparameter für die Budgetierung zusammengefasst.
- STATUSSCHEMA: Dieses wird innerhalb der allgemeinen Statusverwaltung vom Anwender gepflegt. Es wird verwendet, um festzulegen, in welcher Reihenfolge Anwenderstatus gesetzt werden können bzw., um einen Initialstatus zu definieren oder bestimmte betriebswirtschaftliche Vorgänge zu erlauben/verbieten.
- CO-OBJEKTKLASSE: Diese dient der betriebswirtschaftlichen Einordnung von Controlling-Objekten.
- INVESTITIONSPROFIL: Die Zuordnung eines Investitionsprofils charakterisiert Innenaufträge bzw. Projektstrukturplanelemente als Investitionsmaßnahmen.
- DARSTELLUNGSFORM: Hier wird festgelegt, ob in Listen und Planungs-/Budgetierungsfunktionen die Positions-ID oder der Kurztext zur Darstellung von Programmpositionen benutzt werden sollen.

Tabelle 2.1 zeigt die möglichen Darstellungsvarianten auf:

Darstellungs-form	Kurzbeschreibung
1	ID InvProgrammposition/ID Maßnahme
2	Text InvProgrammposition/Text Maßnahme
3	ID InvProgrammposition/Text Maßnahme
4	Text InvProgrammposition/ID Maßnahme

Tabelle 2.1: Programmart – Darstellungsform

Statusschema

Der Eintrag des Statusschemas in der Programmart kann nicht mehr geändert werden, nachdem Programme zu der Programmart angelegt wurden.

Alle CO-Objekte müssen einer CO-Objektklasse zugeordnet werden, z. B. Gemeinkosten, Produktkosten, Investitionskosten). Die Objektklasse hat für Investitionsprogramme nur Informationscharakter.

Programmart – Zuordnung der Objekte/Maßnahmen

In der Programmart werden auch die später zu nutzenden operativen Objekte (Innenaufträge, PSP-Elemente und/oder Maßnahmenanforderungen) hinterlegt (siehe Abbildung 2.4). Diese Objekte können dann an die Programmpositionen eines Investitionsprogramms angehängt werden. Eine solche Zuordnung verhindert, dass Objekte einer bestimmten Objektart unerwünscht an Programmpositionen angehängt werden.

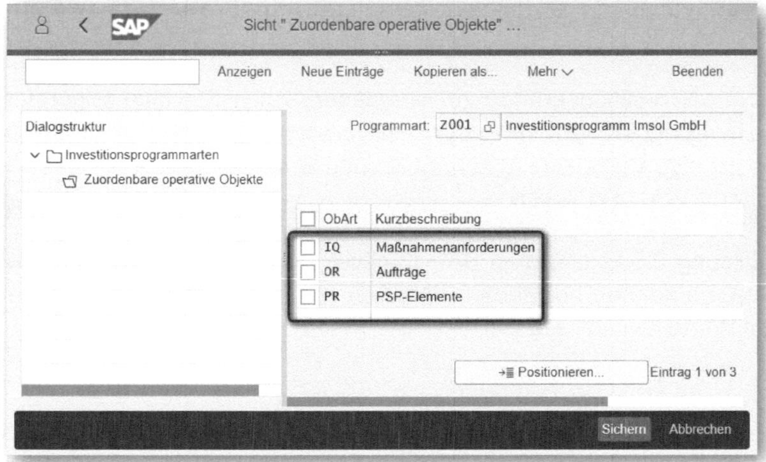

Abbildung 2.4: Programmart – zuordenbare Objekte

Es können folgende Objekte zugeordnet werden:

- OR – Aufträge,
- PR – PSP-Elemente,
- IQ – Maßnahmenanforderungen.

Einschränkung der zu nutzenden Objekte

Eine weitere Einschränkung der zu nutzenden Objekte ist außerdem auf Ebene der Programmposition möglich.

2.1.3 Investitionsgrund und Verantwortlicher

Neben der Programmart ist die Ausprägung ausgewählter Stammsatzfelder zu hinterlegen. Aus den am häufigsten verwendeten Stammsatzfeldern ergeben sich der *Investitionsgrund* und das Feld *Verantwortliche*. Diese beiden Felder wollen wir uns – auch für die Abwicklung von Investitionen bei der Imsol GmbH – genauer anschauen.

Um die Investitionsgründe zu hinterlegen, rufen Sie bitte folgenden Customizingpfad auf: INVESTITIONSMANAGEMENT • INVESTITIONSPROGRAMM • STAMMDATEN • AUSPRÄGUNG DER STAMMSATZFELDER • INVESTITIONSGRUNDE DEFINIEREN.

Abbildung 2.5 zeigt die im SAP-IM-Customizing voreingestellten Einträge. Es können bei Bedarf, inhaltlich wie auch anzahlmäßig, beliebige Werte ergänzt werden.

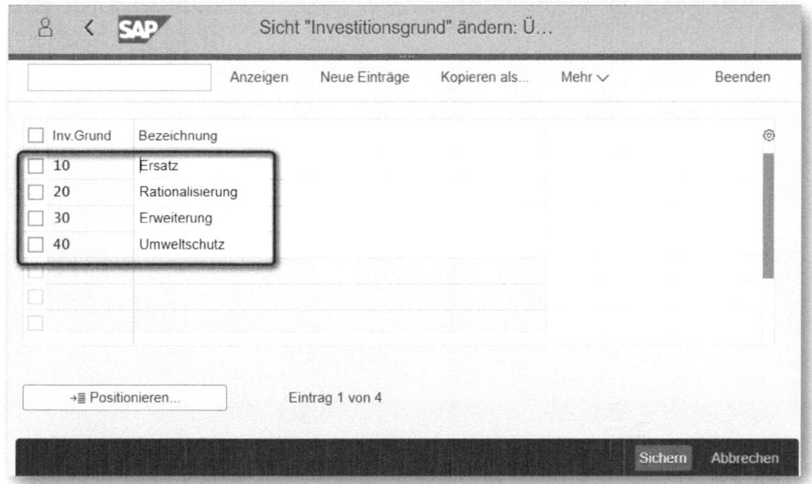

Abbildung 2.5: Investitionsgründe definieren

Investitionsgrund

Das Feld INVESTITIONSGRUND und dessen Werte können in den Stammsätzen von Programmpositionen, Maßnahmenanforderungen, PSP-Elementen, CO-Innenaufträgen sowie Anlagen hinterlegt und in Berichten entsprechend ausgewertet werden.

Zur Hinterlegung des für die Investitionsmaßnahmen-Verantwortlichen rufen Sie bitte folgenden Customizingpfad auf: INVESTITIONSMANAGEMENT • INVESTITIONSPROGRAMM • STAMMDATEN • AUSPRÄGUNG DER STAMMSATZFELDER • VERANTWORTLICHE DEFINIEREN.

Wie Abbildung 2.6 zeigt, sind seitens SAP auch hier zwei Felder voreingestellt und wieder können beliebige Werte ergänzt werden.

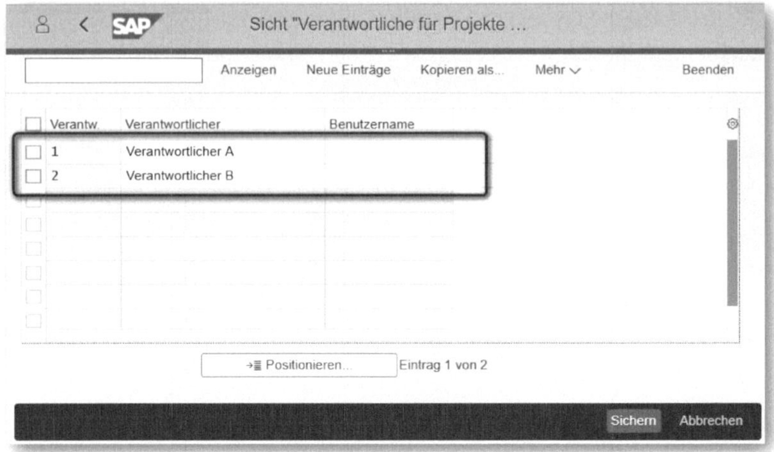

Abbildung 2.6: Verantwortliche definieren

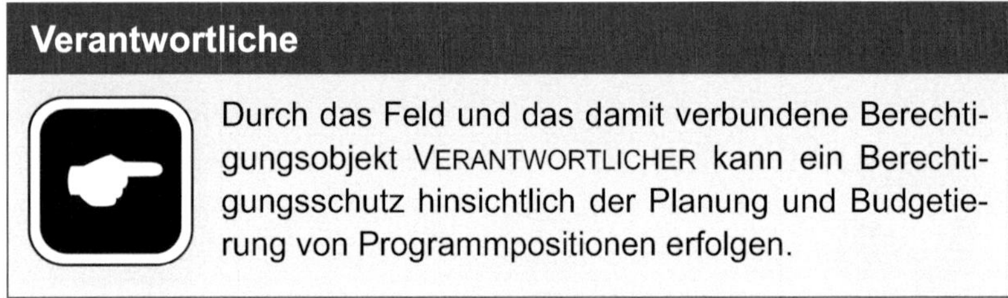

Verantwortliche

Durch das Feld und das damit verbundene Berechtigungsobjekt VERANTWORTLICHER kann ein Berechtigungsschutz hinsichtlich der Planung und Budgetierung von Programmpositionen erfolgen.

2.1.4 Edition der Positionsschlüssel

Das Anlegen von Programmpositionen wird durch frei definierbare Editionsmasken unterstützt. Mithilfe des Schlüssels einer solchen Maske, der sich aus einer Codierung und Sonderzeichen zusammensetzt, wird bei Eingabe der *Programmpositionsschlüssel* geprüft, ob dieser den vorgegebenen Parametern entspricht. Somit gewährleisten Sie, dass alle Schlüssel der Positionen eines Investitionsprogramms eine festgelegte Struktur aufweisen.

Rufen Sie bitte den Customizingpfad INVESTITIONSMANAGEMENT • INVESTITIONSPROGRAMM • STAMMDATEN • EDITION DER POSITIONSSCHLÜSSEL auf, um die Edition zu definieren.

Codierung der Programmposition

Der Aufbau und die verwendbaren Zeichen für die Codierung der Programmposition (*Position ID*) werden durch die sogenannten Codierungsmasken festgelegt (siehe Abbildung 2.7). Welche Editionsmaske verwendet werden soll, ermittelt das System über den Eintrag im Feld EDID (*Editions-ID)*. Hier können Sie bis zu fünf Zeichen für einen Schlüssel vergeben. Die Festlegung der Anzahl relevanter Stellen zur Ermittlung der Editionsmaske wird in diesem Abschnitt beschrieben.

Um die Codierung zu definieren, rufen Sie bitte folgenden Customizingpfad auf: INVESTITIONSMANAGEMENT • INVESTITIONSPROGRAMME • STAMMDATEN • EDITION DER POSITIONSSCHLÜSSEL • CODIERUNG.

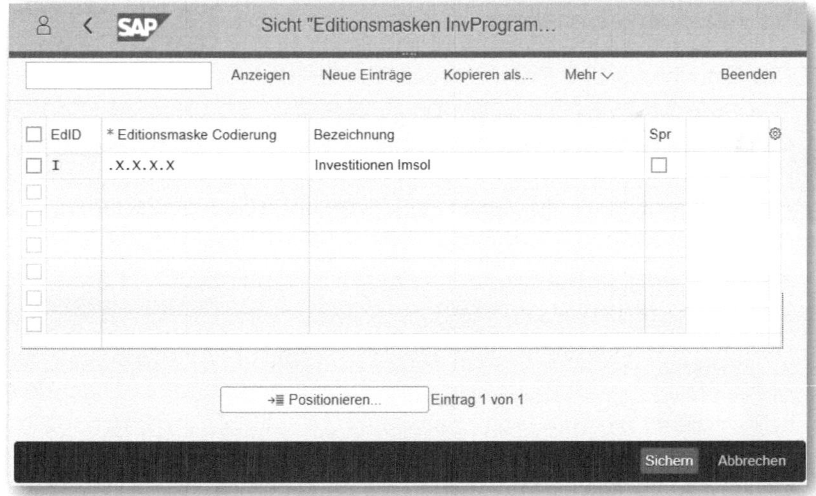

Abbildung 2.7: Editionsmasken – Codierung

Positions-ID

Die Positions-ID kann maximal 24 Stellen aufnehmen.

Sonderzeichen-Codierung der Programmposition

Zusätzlich können, wie in Abbildung 2.8 zu sehen, *Sonderzeichen* als Trennzeichen definiert werden.

Entscheidend ist hier der Eintrag unter LG (Länge): Damit definieren Sie die Anzahl der ersten Zeichen der Codierung – im abgebildeten Beispiel maximal »eine« Stelle. Der Eintrag bestimmt die Anzahl der (zukünftig) zu verwendenden Programme. Ist hier eine »1« eingetragen, so können maximal 36 unterschiedliche Programme angelegt werden (A–Z und 0–9).

Die Einrichtung und Definition der Sonderzeichen erfolgt über INVESTITIONSMANAGEMENT • INVESTITIONSPROGRAMM • STAMMDATEN • EDITION DER POSITIONSSCHLÜSSEL • SONDERZEICHEN.

Abbildung 2.8 zeigt die Maske zur Pflege der Editionsmaskierung und der Sonderzeichen.

Editionen festlegen

Setzen Sie ein Häkchen bei EDIT, so stellen Sie sicher, dass keine anderen Editionen als die im Customizing vorgegebenen angelegt werden können.

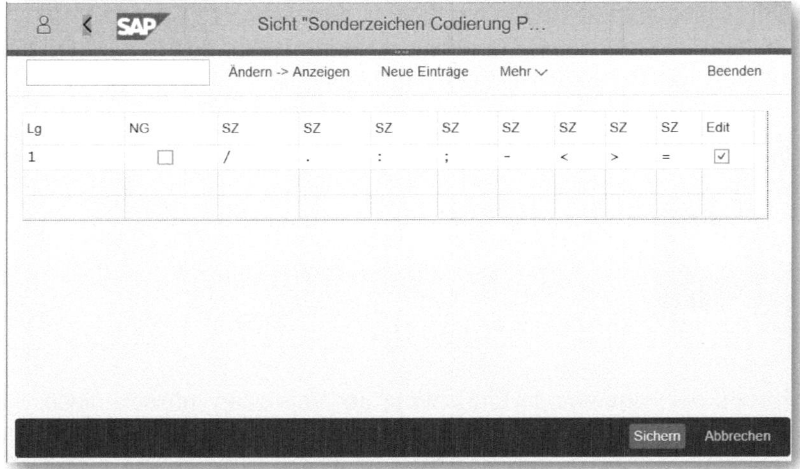

Abbildung 2.8: Editionsmasken – Sonderzeichen

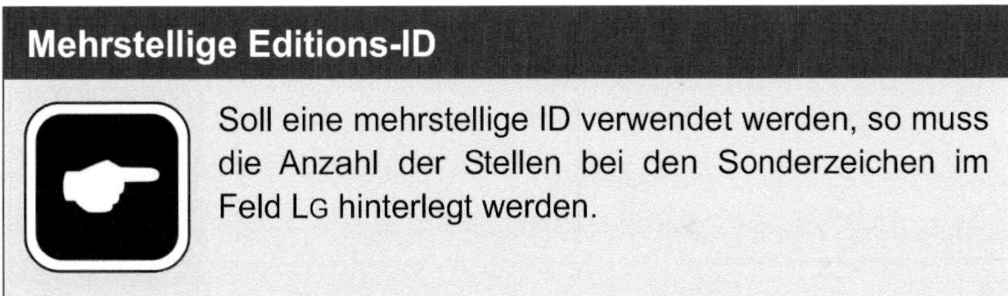

Mehrstellige Editions-ID

Soll eine mehrstellige ID verwendet werden, so muss die Anzahl der Stellen bei den Sonderzeichen im Feld LG hinterlegt werden.

2.1.5 Plan-Versionen

Plan-Versionen werden im Controlling und im Investitionsmanagement eingesetzt, um in der Planung eigenständige Datenpakete zu führen. Sie können damit alternative Pläne abbilden, denen unterschiedliche Planannahmen zugrunde liegen.

Das Investitionsmanagement nutzt die Planversionen, die im allgemeinen Customizing des Controllings angelegt werden.

Den entsprechenden Eintrag finden Sie über INVESTITIONSMANAGEMENT • INVESTITIONSPROGRAMME • PLANUNG IM PROGRAMM • VERSIONEN • VERSIONEN DEFINIEREN im Customizingmenü.

Transaktion OKEQ – Versionen definieren

Die Transaktion *OKEQ* (Versionen definieren) ist übereinstimmend mit der Versionendefinition im Customizing-Menü des Controllings.

Neben der allgemeinen Einrichtung der Versionen müssen diese, im Fall der Nutzung im SAP IM, noch zusätzlich dem Genehmigungsjahr (GNGJ) zugeordnet werden (siehe Abbildung 2.9). Durch diese Zuordnung bestimmen Sie:

- welche VERSION für welches Genehmigungsjahr und für welche Programmart (PART) verwendet werden darf;
- die Version, deren Planwerte beim Jahreswechsel in das Investitionsprogramm des neuen Jahres vorgetragen werden sollen.

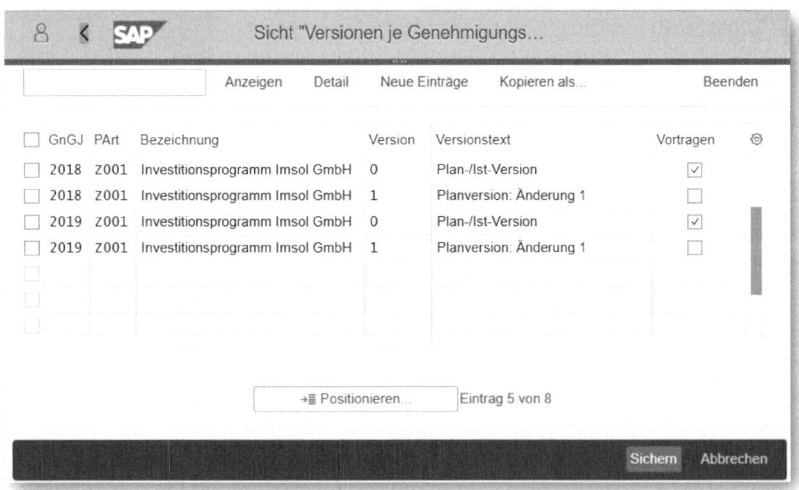

Abbildung 2.9: Version je Genehmigungsjahr und Programmart

Um die Zuordnung zu definieren, rufen Sie bitte folgenden Customizingpfad auf: INVESTITIONSMANAGEMENT • INVESTITIONSPROGRAMME • PLANUNG IM PROGRAMM • VERSIONEN • VERSIONEN EINEM GENEHMIGUNGSJAHR/PROGRAMMART ZUORDNEN.

2.1.6 Planprofile

Um die Planung für die Imsol GmbH entsprechend abzubilden, müssen Sie ein sogenanntes *Planprofil* definieren (siehe Abbildung 2.10). Dieses Planprofil gibt unter anderem an, ob in Jahres- oder Gesamtwerten geplant wird, und der im SAP angezeigte Planungshorizont kann festgelegt werden. Über INVESTITIONSMANAGEMENT • INVESTITIONSPROGRAMME • PLANUNG IM PROGRAMM • KOSTENPLANUNG • PLANPROFILE PFLEGEN gelangen Sie zur Pflege des Planprofils.

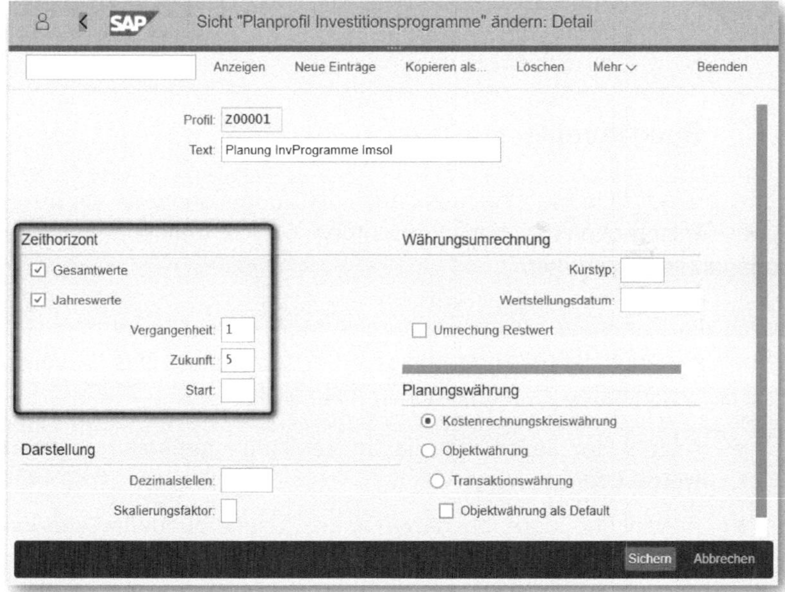

Abbildung 2.10: Planprofil – Investitionsprogramme

Dieses Planprofil wird, wie in Abbildung 2.11 gezeigt, dem Investitionsprogramm zugeordnet. Dazu rufen Sie bitte folgenden Menüpfad auf: INVESTITIONSMANAGEMENT • INVESTITIONSPROGRAMME • PLANUNG IM PROGRAMM • KOSTENPLANUNG • ZUORDNUNG PROGRAMMART/PLANPROFILE FESTLEGEN.

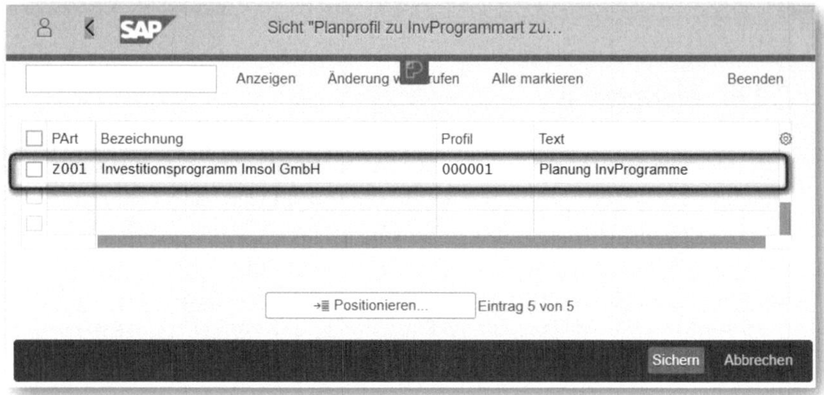

Abbildung 2.11: Planprofil zuordnen

2.1.7 Budgetprofile

Ebenso wie für die Planung muss auch die Budgetierung für die Imsol GmbH entsprechend eingerichtet werden. Hierzu definieren Sie ein sogenanntes *Budgetprofil*.

Durch die Parameter des Budgetprofils bestimmen Sie, ob nur Gesamt- oder auch Jahreswerte budgetierbar sein sollen. Des Weiteren wird der »sichtbare« Zeithorizont hier hinterlegt:

- Anzahl der Jahre, für die in die Vergangenheit budgetiert werden darf.
- Anzahl der Jahre, bei denen in die Zukunft budgetiert werden darf.
- Verschiebung des Startjahres im Vergleich zum aktuellen Jahr (»0« bedeutet: Startjahr = aktuelles Jahr).

Dieses Profil (siehe Abbildung 2.12) gibt unter anderem – wie schon beim Planprofil – an, ob in Jahres- oder Gesamtwerten budgetiert wird, und der im SAP angezeigte Budgetierungshorizont wird hier festgelegt.

Sie finden den Eintrag im Einführungsleitfaden wie folgt: INVESTITIONSMANAGEMENT • INVESTITIONSPROGRAMME • BUDGETIERUNG IM PROGRAMM • BUDGETPROFILE FÜR INVESTITIONSPROGRAMME DEFINIEREN.

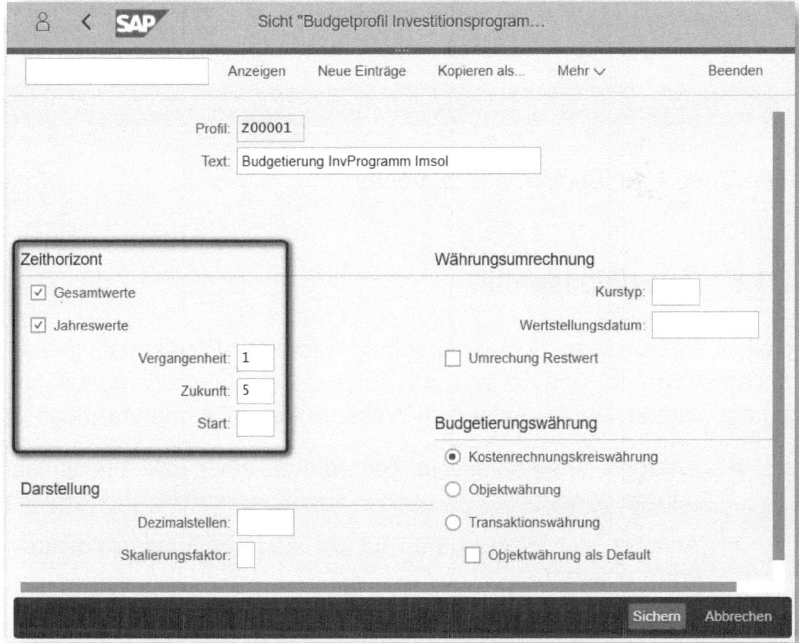

Abbildung 2.12: Budgetprofil – Investitionsprogramme

Dieses Budgetprofil (siehe Abbildung 2.13) wird entsprechend dem Planprofil über INVESTITIONSMANAGEMENT • INVESTITIONSPROGRAMME • BUDGETIERUNG IM PROGRAMM • BUDGETPROFILE ZU PROGRAMMARTEN ZUORDNEN dem Investitionsprogramm zugeordnet.

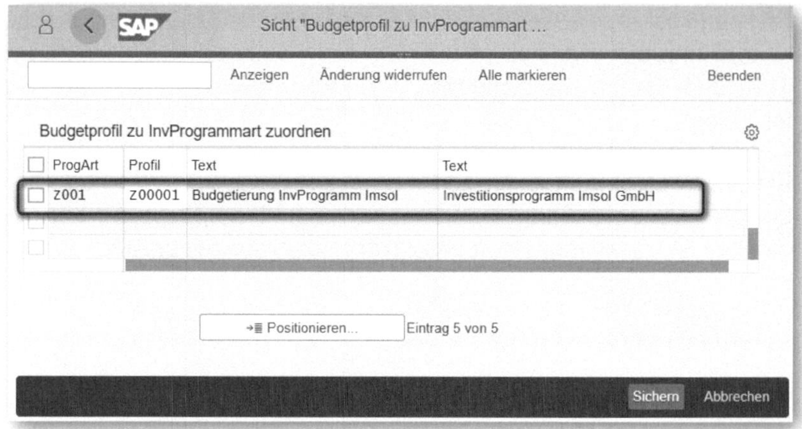

Abbildung 2.13: Budgetprofil zuordnen

2.1.8 Investitionsprofil

Soll eine Maßnahme (CO-Innenauftrag oder PSP-Element als Investitionsmaßnahme) genutzt werden, so muss ein *Investitionsprofil* hinterlegt werden. Dieses steuert im Wesentlichen folgende Vorgänge:

- Anlegen einer *Anlage im Bau*, die zu einer Investitionsmaßnahme gehört;
- Anlegen der Stammdaten für die Abschreibungssimulation/-vor(aus)schau.

Den entsprechenden Customizing-Eintrag finden Sie wie folgt:

Bei Innenaufträgen lautet der Pfad INVESTITIONSMANAGEMENT • INNENAUFTRÄGE ALS INVESTITIONSMAßNAHME • STAMMDATEN • INVESTITIONSPROFIL DEFINIEREN.

Bei Projekten lautet der Pfad INVESTITIONSMANAGEMENT • PROJEKTE ALS INVESTITIONSMAßNAHME • STAMMDATEN • INVESTITIONSPROFIL DEFINIEREN.

Es lassen sich im Wesentlichen drei unterschiedliche Nutzungsmöglichkeiten unterscheiden:

1. Investitionsprofil als Grundlage für eine *summarische Abrechnung:*

Wie in Abbildung 2.14 gezeigt, sind bei dieser Form der Nutzung die entscheidenden Einstellungen das Setzen des Kennzeichens ANLAGE IM BAU FÜHREN, die Hinterlegung der entsprechenden Anlagenklasse für Investitionsmaßnahmen sowie die Markierung SUMMARISCHE AUFTEILUNG.

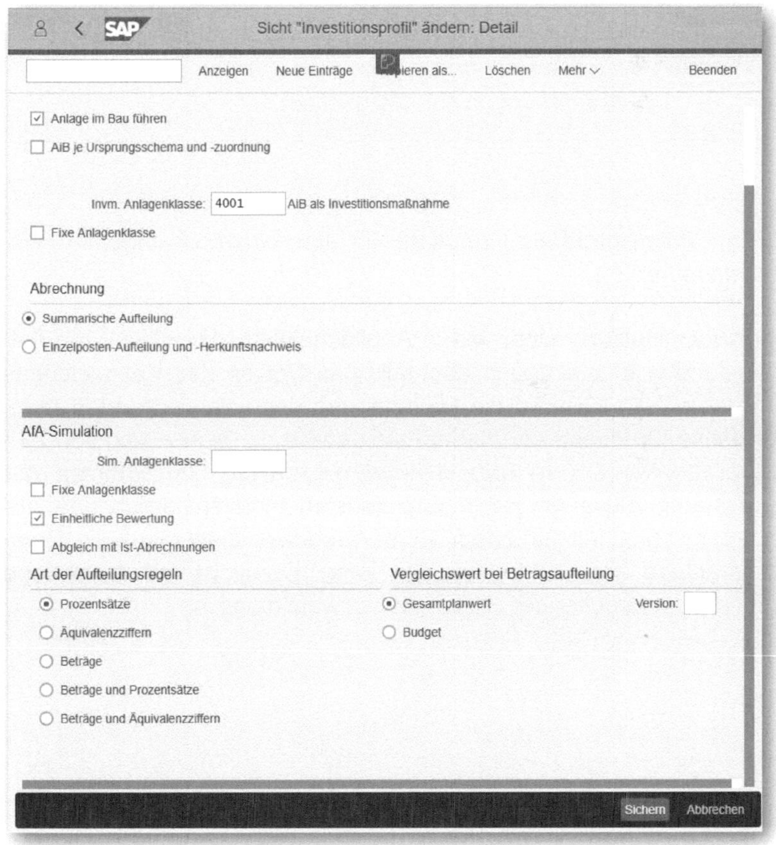

Abbildung 2.14: Investitionsprofil – summarische Abrechnung

»Summarische Aufteilung bzw. Abrechnung« bedeutet, dass nur pauschale Aufteilungsregeln für die gesamten auf die Maßnahme gebuchten Belastungen erfasst werden können.

Gegenüber der einzelpostengenauen Abrechnung bietet die rein summarische Abrechnung beim Abrechnungslauf einen Performancevorteil.

Einzelpostengenaue Abrechnung

Benötigen Sie einen einzelpostengenauen Nachweis von der fertigen Anlage im Vergleich zu den ursprünglich auf eine Investitionsmaßnahme gebuchten Belastungen, so ist dies mit der summarischen Abrechnung nicht umzusetzen.

2. Investitionsprofil als Grundlage für eine *einzelpostengenaue Abrechnung:*

Bei dieser Nutzung sind, wie in Abbildung 2.15 dargestellt, die entscheidenden Einstellungen ebenfalls das Setzen des Kennzeichens ANLAGE IM BAU FÜHREN, die Hinterlegung der entsprechenden Anlagenklasse für Investitionsmaßnahmen sowie die Markierung von EINZELPOSTEN-AUFTEILUNG UND HERKUNFTSNACHWEIS. Im Rahmen der Abrechnung muss für jeden Einzelposten eine entsprechende Abrechnungsvorschrift hinterlegt werden, sodass dieser auf die Empfängeranlage abgerechnet werden kann. Damit ist auf der Anlage auch ein entsprechender Herkunftsnachweis möglich.

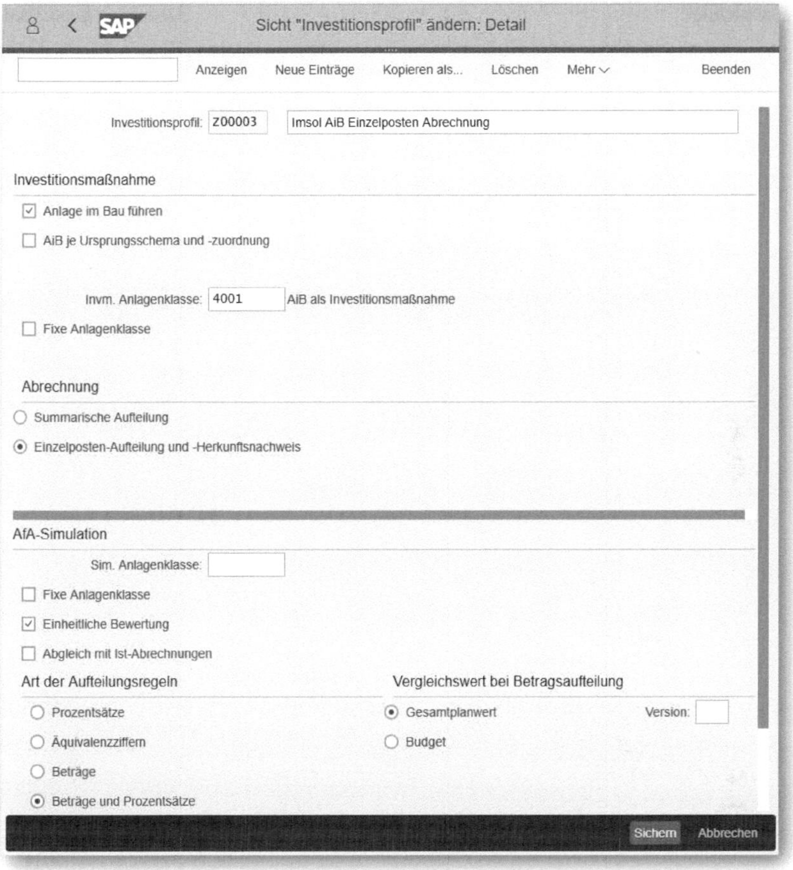

Sicht "Investitionsprofil" ändern: Detail

Anzeigen Neue Einträge Kopieren als... Löschen Mehr Beenden

Investitionsprofil: Z00003 Imsol AiB Einzelposten Abrechnung

Investitionsmaßnahme

☑ Anlage im Bau führen

☐ AiB je Ursprungsschema und -zuordnung

Invm. Anlagenklasse: 4001 AiB als Investitionsmaßnahme

☐ Fixe Anlagenklasse

Abrechnung

○ Summarische Aufteilung

◉ Einzelposten-Aufteilung und -Herkunftsnachweis

AfA-Simulation

Sim. Anlagenklasse:

☐ Fixe Anlagenklasse

☑ Einheitliche Bewertung

☐ Abgleich mit Ist-Abrechnungen

Art der Aufteilungsregeln

○ Prozentsätze

○ Äquivalenzziffern

○ Beträge

◉ Beträge und Prozentsätze

Vergleichswert bei Betragsaufteilung

◉ Gesamtplanwert Version:

○ Budget

Sichern Abbrechen

Abbildung 2.15: Investitionsprofil – einzelpostengenaue Abrechnung

3. Investitionsprofil als Grundlage für die Möglichkeit, eine *AfA-Simulation* zu hinterlegen:

Auch wenn Sie auf einer Investitionsmaßnahme nur eine AfA-Simulation durchführen wollen, so wird hierfür ebenfalls ein Investitionsprofil benötigt. Dieses Profil sollte dann wie in Abbildung 2.16 ausgeprägt werden.

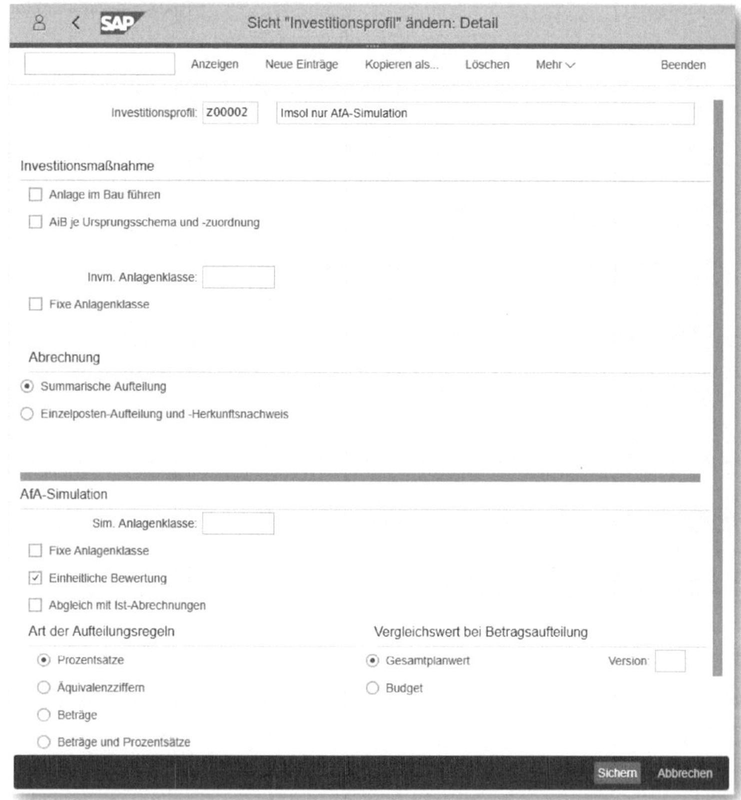

Abbildung 2.16: Investitionsprofil – nur AfA-Simulation

Bei dieser Nutzung sind die entscheidenden Einstellungen, dass das Kennzeichen ANLAGE IM BAU FÜHREN **nicht** gesetzt wird und **keine** Hinterlegung einer Anlagenklasse für Investitionsmaßnahmen erfolgt.

Investitionsprofil bei Maßnahmenanforderungen

Insbesondere wird dieses Investitionsprofil im Rahmen der Maßnahmenanforderungen benötigt, bei denen eine entsprechende AfA-Simulation erfolgen soll.

2.2 Programmdefinition

Bevor die Strukturierung der Investitionen im SAP erfolgen kann, muss eine sogenannte *Programmdefinition* angelegt bzw. eingerichtet werden (siehe Abbildung 2.17). Die Transaktion *IM01* ist im Anwendungsmenü über INVESTITIONSMANAGEMENT • PROGRAMME • STAMMDATEN • PROGRAMMDEFINITION • ANLEGEN zu finden.

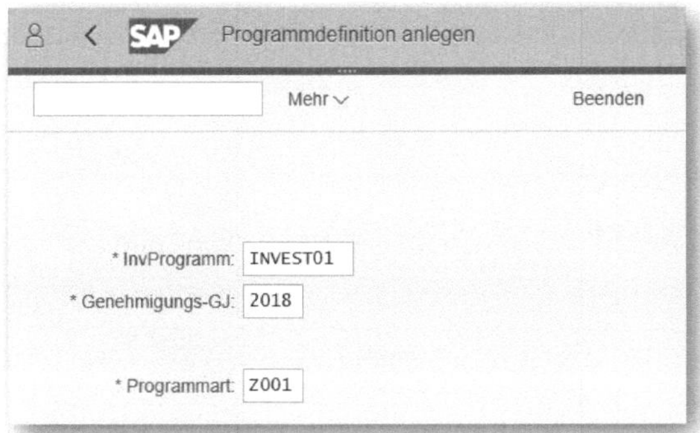

Abbildung 2.17: Programmdefinition anlegen

Vorlage Programmdefinitionen

Sparen Sie sich Arbeit, indem Sie bereits existierende Programmdefinitionen als Vorlage nutzen.

Sie können die in Tabelle 2.2 gezeigten Parameter und allgemeinen Stammdaten in der Programmdefinition (siehe Abbildung 2.18) hinterlegen.

Stammdaten	Bemerkung	Muss-/ Kann-Feld
Kurztext	beliebiger Kurztext zur Programmdefinition	Kann-Eingabe
Verantwortliche Person	Verantwortliche können im Customizing mit Namen und Personalnummer definiert werden.	Kann-Eingabe
Währung		Muss-Eingabe
Geschäftsjahresvariante		Muss-Eingabe
BudgetVert Jahre		Kann-Eingabe
Budgetarten		Kann-Eingabe
Zuordnungssperre		Kann-Eingabe
Defaultsprache		Kann-Eingabe
Zusätze	beliebiger Langtext zur Programmdefinition	Kann-Eingabe

Tabelle 2.2: Programmdefinition – zulässige Parameter

Abbildung 2.18: Programmdefinition – Parameter

2.3 Investitionsprogrammposition

Die Programmdefinition ist der Rahmen für das Investitionsprogramm. Dieses besteht aus einer hierarchischen *Programmstruktur*. Die einzelnen Elemente dieser Struktur werden *Investitionsprogrammpositionen* genannt.

2.3.1 Programmstruktur – Anlegen der »Top«-Position

Die erste Strukturebene, auch *Top-Position* genannt, wird über die Transaktion *IM11* angelegt (siehe Abbildung 2.19). Diese ist im Anwendungsmenü wie folgt zu finden: INVESTITIONSMANAGEMENT • PROGRAMME • STAMMDATEN • PROGRAMMPOSITION • ANLEGEN TOP-POSITION.

In der weiteren Darstellung in diesem Buch wird von einem Investitionsprogramm ausgegangen, das nur dem einen Kostenrechnungskreis »Imsol GmbH« zugeordnet ist.

In der ersten Maske muss das Codierungselement für die erste Ebene (in diesem Fall »I«) eingetragen werden. In der folgenden Eingabemaske können Sie sodann die Stammdaten hinterlegen.

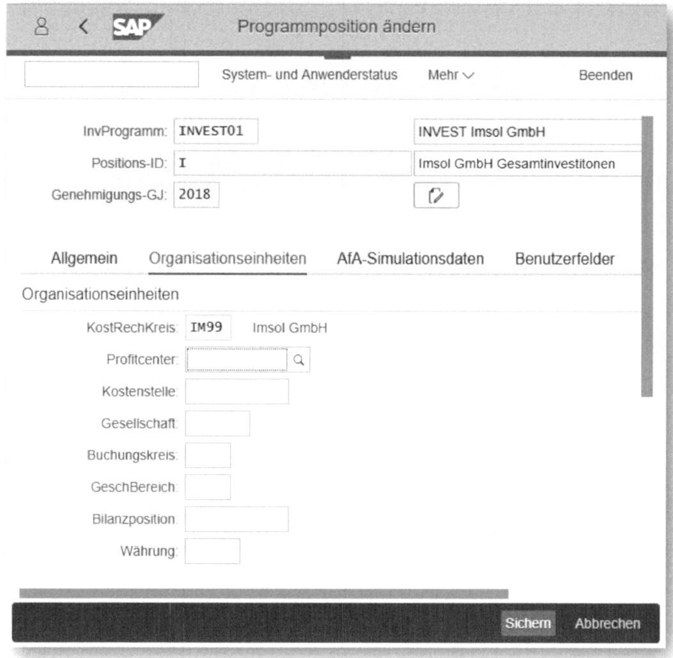

Abbildung 2.19: Programmstruktur anlegen – Top-Position

2.3.2 Stammdaten

Durch Doppelklick auf der Programmposition gelangen Sie in die Maske zur Pflege der Stammdaten. Auf dieser finden Sie verschiedene Registerkarten und Schaltflächen zur Eingabe positionsspezifischer Daten, die im Einzelnen in Tabelle 2.3 und Tabelle 2.4 kurz beschrieben sind.

Registerkarte	Bemerkung
Allgemeine Angaben	Angaben wie Investitionsgrund, Priorität usw. können als Verdichtungskriterien in Auswertungen verwendet werden.
Organisationseinheiten	Organisationseinheiten können ebenfalls als Verdichtungskriterien in Auswertungen verwendet werden.
AfA-Simulationsdaten	Die hier erfassten Parameter können später, zusammen mit den Planwerten des Programms, für die Simulation der in Zukunft zu erwartenden AfA genutzt werden.
Benutzerfelder	Die Benutzerfelder definieren Sie im Customizing des Investitionsmanagements unter INVESTITIONSPROGRAMME • STAMMDATEN • BENUTZERFELDER.

Tabelle 2.3: Programmstruktur: Programmposition – Registerkarte

Schaltfläche	Funktion
Erlaubte Zuordnungen	Sie können festlegen, welche Maßnahmen (Aufträge/PSP-Elemente) und Maßnahmenanforderungen der Programmposition zugeordnet werden dürfen (nur bei Programmblättern). Das System schlägt immer die in der Programmart erlaubten Maßnahmen vor.
Zuordnungen	Sie können Maßnahmen bzw. Maßnahmenanforderungen den Positionen des Investitionsprogramms zuordnen. Die Zuordnung kann alternativ auch aus der Stammdatenpflege der Maßnahme bzw. Maßnahmenanforderung heraus erfolgen.
System/Anwenderstatus	Neben dem Systemstatus kann auch ein Anwenderstatus angegeben werden, wenn dies in der Programmart des Investitionsprogramms vorgesehen ist.

Tabelle 2.4: Programmstruktur: Programmposition – Schaltflächen

2.3.3 AfA-Simulationsdaten

Neben allgemeinen Stammdaten und unterschiedlichen Organisationseinheiten können unter dem Reiter AFA-SIMULATION Daten wie die ANLAGENKLASSE und das AKTVIERUNGSDATUM zur Ausprägung der *AfA(Abschreibung für Anschaffung)-Simulation* hinterlegt werden (siehe Abbildung 2.20).

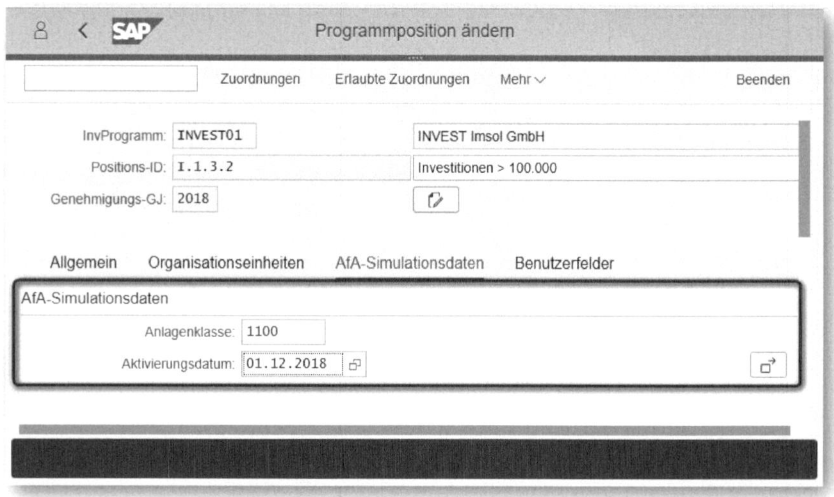

Abbildung 2.20: Programmposition: Reiter AfA-Simulationsdaten

Die genaue Funktionalität und Parametrisierung der AfA-Simulation erläutere ich Ihnen ausführlich in Abschnitt 2.5.3.

2.3.4 Anlegen der weiteren Struktur

Nun können mit der Transaktion *IM22* weitere Programmpositionen bzw. Strukturen für die Imsol GmbH erfasst werden (siehe Abbildung 2.21). Sie finden diese Transaktion im Anwendungsmenü unter INVESTITIONSMANAGEMENT • PROGRAMME • STAMMDATEN • PROGRAMMSTRUKTUR • ÄNDERN.

Hierzu muss der Cursor auf das Programmelement (Position oder Programmdefinition) positioniert werden, dem die neuen Positionen unter- bzw. gleichgeordnet werden sollen. Danach wählen Sie die Funktion Anlegen. Dabei ist die neue Position mit der gesamten POSITIONS-ID und einem Kurztext zu erfassen.

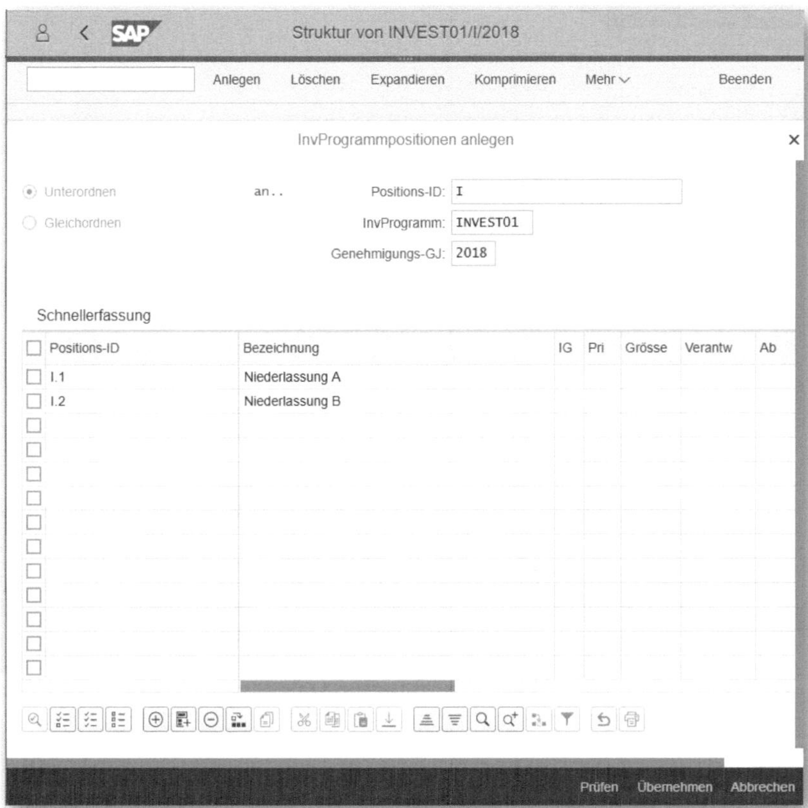

Abbildung 2.21: Programmstruktur anlegen – weitere Positionen

Nachdem Sie die Daten übernommen haben, gelangen Sie mit einem Doppelklick auf die Detailansicht, wie in Abbildung 2.22 dargestellt.

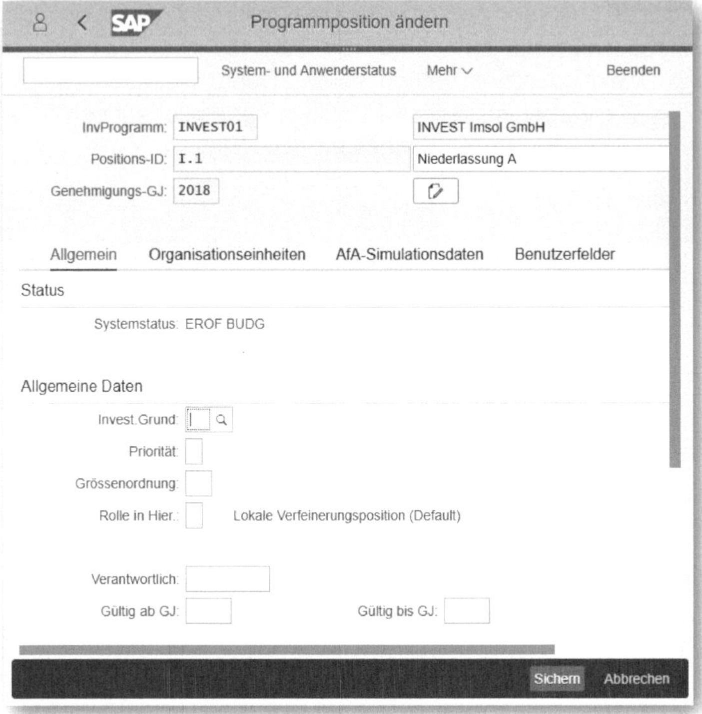

Abbildung 2.22: Programmstruktur: Detailsicht – Positionen

Die Stammdaten der einzelnen Programmpositionen können nun positionsspezifisch gepflegt werden.

In Abbildung 2.23 ist die komplette Struktur des Investitionsprogramms der Imsol GmbH dargestellt.

Uneinheitliche Bezeichnung

Die Struktur wird in den einzelnen Unternehmen mit unterschiedlichen Namen geführt: Wirtschaftsplan, Investitionsplan, Investitionsstruktur, Budgetstruktur, Jahresplanung usw.

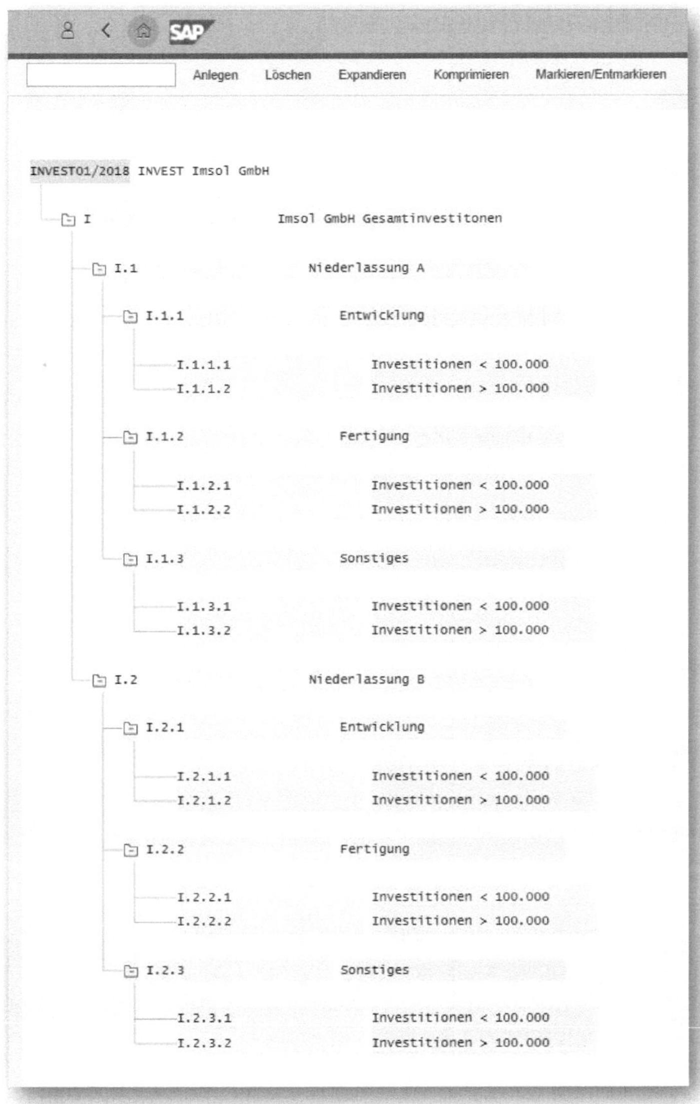

Abbildung 2.23: Programmstruktur der Imsol GmbH

Programmpositionen

Die Zuordnung von Maßnahmen und die Festlegung, welche Art von Maßnahmen zugeordnet werden dürfen, kann nur auf solchen Programmpositionen erfolgen, die keine weiteren hierarchisch untergeordneten Positionen besitzen.

Nachdem das Investitionsprogramm und die Struktur (Wirtschaftsplan) eingerichtet sind, werden die Investitionsmaßnahmen dem Programm zugeordnet. Dies können sein:

- Maßnahmenanforderungen und/oder Investitionsmaßnahmen in Form von Projektstrukturplanelementen,
- CO-Innenaufträge oder
- Instandhaltungsmaßnahmen.

Im folgenden Abschnitt werden wir zunächst die Maßnahmenanforderungen genauer betrachten.

2.4 Maßnahmenanforderungen

Maßnahmenanforderungen haben den Sinn, »Ideen« im Laufe des Prozesses einer Investitionsabwicklung zu dokumentieren. Eine solche Idee (Maßnahmenanforderung) kann während der *Bewertungs- und Entscheidungsphase* verworfen oder in die eigentliche Investitionsmaßnahme umgewandelt werden (siehe Abbildung 2.24). Im Customizing kann auch hinterlegt werden, dass beide, Maßnahme wie Maßnahmenanforderung, weiterexistieren.

Sie finden die Einträge zur Parametrisierung der Maßnahmenanforderungen im Einführungsleitfaden über INVESTITIONSMANAGEMENT • MAßNAHMENANFORDERUNGEN.

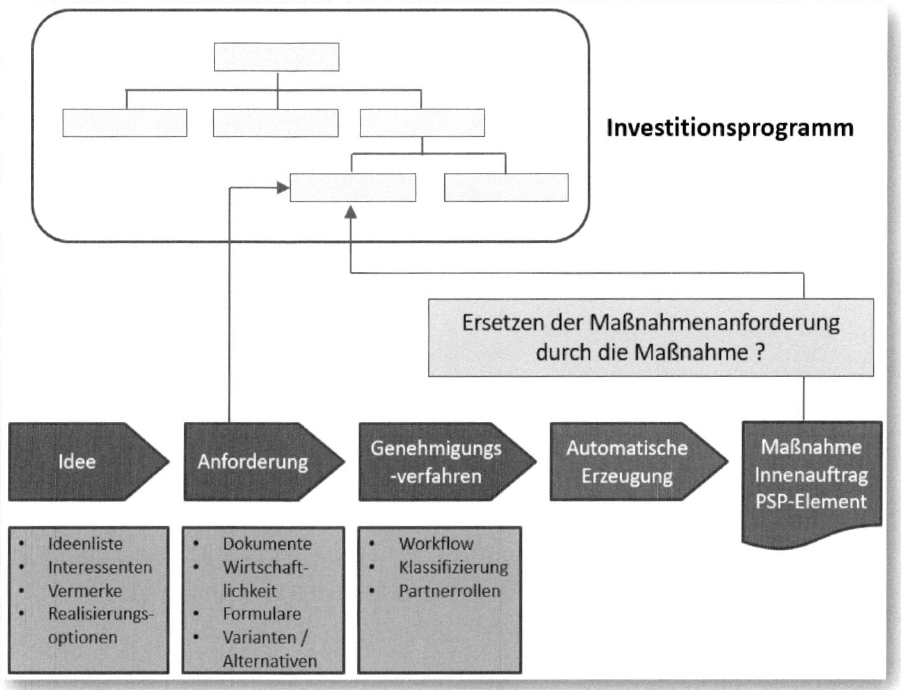

Abbildung 2.24: Prozess Maßnahmenanforderungen, Übersicht

2.4.1 Customizing – Anforderungsarten

Zur Klassifizierung der unterschiedlichen Anforderungen müssen im Customizing zunächst sogenannte *Anforderungsarten* angelegt werden. Diese können unterschiedliche Steuerungsparameter hinsichtlich der Stammdaten und Planung enthalten.

Die Maßnahmenanforderungsart – aufzurufen über INVESTITIONSMANAGEMENT • MAßNAHMENANFORDERUNGEN • STAMMDATEN • STEUERUNG • ANFORDERUNGSARTEN PFLEGEN – kann, wie in Abbildung 2.25 gezeigt, für Projekte oder für CO-Innenaufträge angelegt werden.

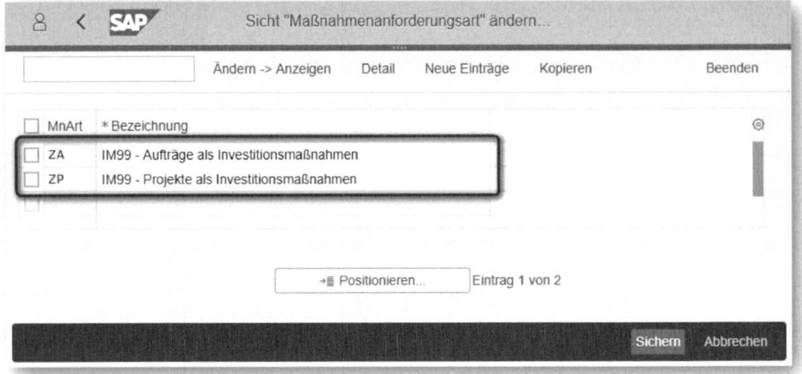

Abbildung 2.25: Maßnahmenanforderungsarten – Einträge

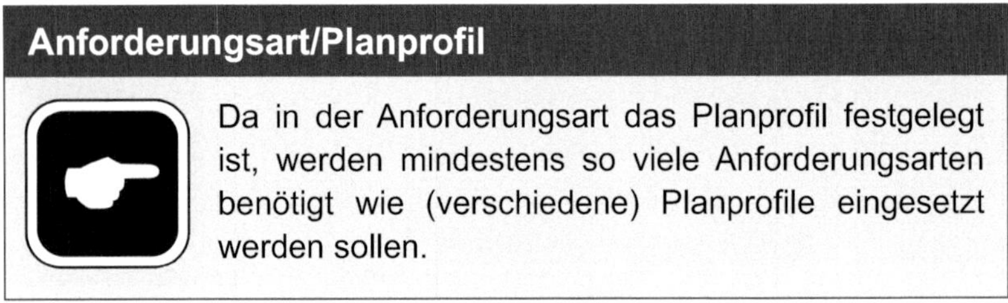

Anforderungsart/Planprofil

Da in der Anforderungsart das Planprofil festgelegt ist, werden mindestens so viele Anforderungsarten benötigt wie (verschiedene) Planprofile eingesetzt werden sollen.

Neben dem zweistelligen Kürzel und der Bezeichnung lassen sich Steuerungsparameter zu folgenden Kriterien hinterlegen:

- Maßnahmenanforderungen ohne Bezug,
- Maßnahmenanforderungen mit Bezug zum Projekt,
- Maßnahmenanforderungen mit Bezug zum Auftrag.

Mit einem Doppelklick kommen Sie in die Detailansicht der jeweiligen Anforderungsart und können hier die folgenden Steuerungsparameter hinterlegen:

- NUMMERNVERGABE

Bei der Nummernvergabe können Sie zwischen den in Abbildung 2.26 gezeigten Vergabearten wählen.

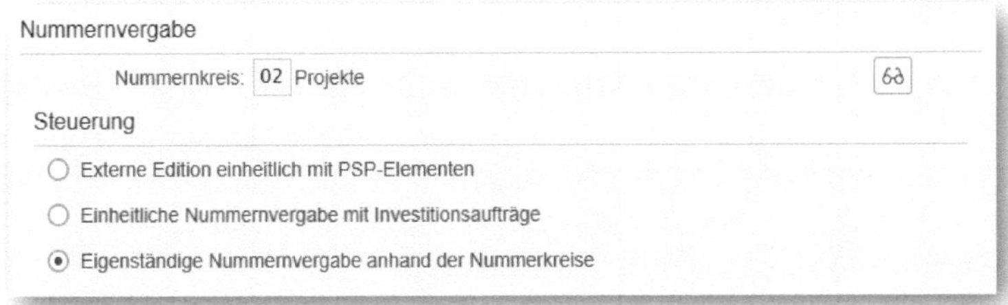

Abbildung 2.26: Maßnahmenanforderungsarten – Nummernvergabe

- KOSTEN- UND ERTRAGSPLANUNG

Weiterhin lassen sich jeweils unterschiedliche Profile für die Ertrags- und für die Kostenplanung hinterlegen (siehe Abbildung 2.27).

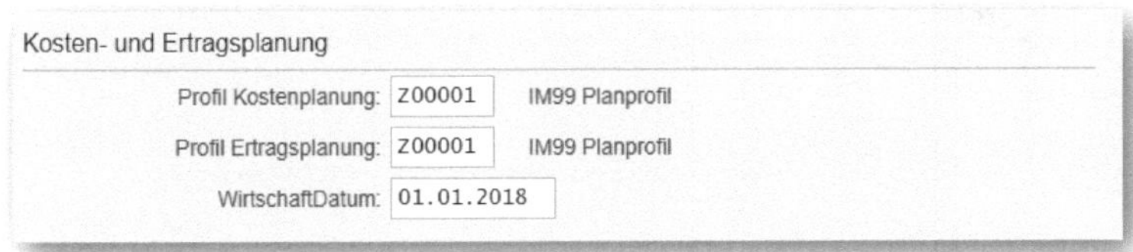

Abbildung 2.27: Maßnahmenanforderungsarten – Kosten- u. Ertragsplanung

- ANWENDERSTATUS

Für jede Maßnahmenanforderungsart kann ein individuelles Statusschema hinterlegt werden (siehe Abbildung 2.28). In unserem Beispiel der Imsol GmbH nutzen wir die vom System angebotenen Status und arbeiten ohne *Anwenderstatus* für Maßnahmenanforderungen, daher bleibt der Eintrag leer.

Abbildung 2.28: Maßnahmenanforderungsarten – Anwenderstatus

- PARTNERFINDUNG

In der *Partnerfindung* (siehe Abbildung 2.29) können Sie alle Personen/Rollen verwalten, die in den Abwicklungsprozess der Maßnahmenanforderung involviert sind oder damit in Verbindung stehen. So lassen sich Antragsteller, Verantwortlicher, Genehmiger usw. mit unterschiedlichen Rollen im Prozess einbinden.

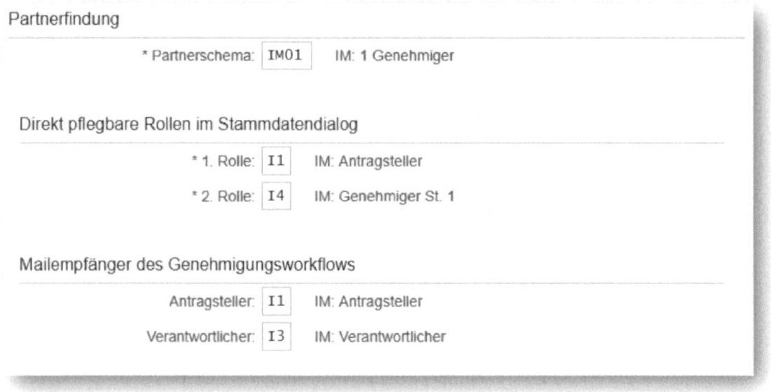

Partnerfindung

* Partnerschema: IM01 IM: 1 Genehmiger

Direkt pflegbare Rollen im Stammdatendialog

* 1. Rolle: I1 IM: Antragsteller

* 2. Rolle: I4 IM: Genehmiger St. 1

Mailempfänger des Genehmigungsworkflows

Antragsteller: I1 IM: Antragsteller

Verantwortlicher: I3 IM: Verantwortlicher

Abbildung 2.29: Maßnahmenanforderungsarten – Partnerfindung

- EINBINDUNG IN DIE PROGRAMMPLANUNG

Die Parameter der Programmplanung bestimmen die PROGRAMMART, das ERLAUBTE REALISIERUNGSOBJEKT und die Festsetzung, ob die Maßnahmenanforderung durch das Realisierungsobjekt ersetzt werden soll oder nicht (siehe Abbildung 2.30).

Einbindung in Programmplanung

* Programmart: Z001 Investitionsprogramm Imsol GmbH

Erlaubte Realisierungsobjekte

☑ PSP-Element — Projektprofil: Z000002 Investitionsprojekte I...

Feldschlüssel P:

☐ Auftrag — Auftragsart:

☑ Ersetzen durch Realisierungsobjekt

☐ Kalkulation kopieren

Abbildung 2.30: Maßnahmenanforderungsarten – Einbindung in Programmplanung

- ZUORDNUNG LAYOUT

Durch die Zuordnung eines Layouts wird der Bildschirmaufbau für die Bearbeitung der jeweiligen Anforderungsart bestimmt (siehe Abbildung 2.31). So können für die gleiche Anforderungsart unterschiedliche Bildschirmdarstellungen genutzt werden. Für die Imsol GmbH bleiben die Felder leer, da wir den Standardaufbau nutzen.

Abbildung 2.31: Maßnahmenanforderungsarten – Layout

- VARIANTENSTEUERUNG

In der *Variantensteuerung* wird zum einen das Investitionsprofil zugeordnet. Dies benötigen Sie, falls Sie auf der Maßnahmenanforderung eine AfA-Simulation durchführen wollen.

Zum anderen wird hier die automatische Nummernfolge bei Anlage der Anforderungsvarianten festgelegt. Die Variantennummerierung kann, wie in Abbildung 2.32 zu sehen ist, in unterschiedlicher Schrittweite definiert werden.

Aus optischen Gründen soll bei der Imsol GmbH die Nummernvergabe in 10er-Schritten erfolgen:

- 0010 – 1. Variante,
- 0020 – 2. Variante,
- 0030 – 3. Variante,
- usw.

Variantensteuerung

Var.StatSchema:

InvestProfil: Z00002 Imsol nur AfA-Simulation

Nummernvergabe

- ○ Manuelle Nummernvergabe
- ○ 1 er Schritte
- ○ 5 er Schritte
- ◉ 10 er Schritte
- ○ 50 er Schritte
- ○ Individuelle Schrittweite

Abbildung 2.32: Maßnahmenanforderungsarten – Variantensteuerung

2.4.2 Customizing – Edition der Anforderungsnummern und Nummernvergabe

Für das Erstellen einer Maßnahmenanforderung ist eine entsprechende Anforderungsnummer zu vergeben, die wiederum einem Nummernkreis zugeordnet ist (siehe Abbildung 2.33). Diesen legen Sie im Einführungsleitfaden über INVESTITIONSMANAGEMENT • MAßNAHMENANFORDERUNGEN • STAMMDATEN • STEUERUNG • NUMMERNVERGABE DEFINIEREN fest.

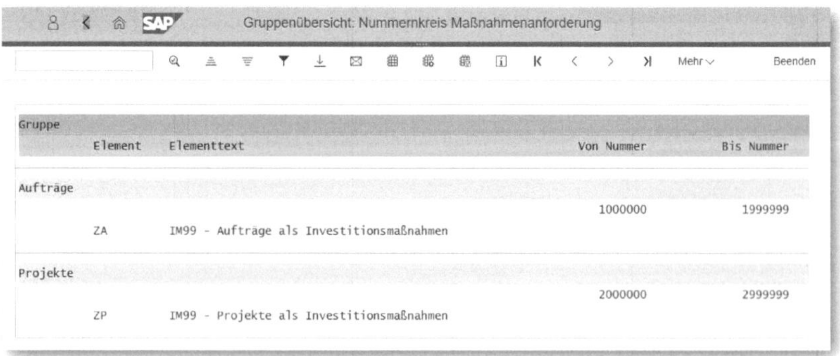

Gruppe	Element	Elementtext	Von Nummer	Bis Nummer
Aufträge			1000000	1999999
	ZA	IM99 - Aufträge als Investitionsmaßnahmen		
Projekte			2000000	2999999
	ZP	IM99 - Projekte als Investitionsmaßnahmen		

Abbildung 2.33: Maßnahmenanforderung – Nummernkreisobjekte

Anforderungsnummer

Für den Fall, dass in der Maßnahmenanforderungsart EXTERNE EDITION EINHEITLICH MIT PSP hinterlegt ist, müssen beim Anlegen von Maßnahmenanforderungen auch die Editionsmasken für die Schlüsselvergabe definiert werden. Die Edition der Anforderungsnummer entspricht dann der Edition der Projektnummer.

2.4.3 Customizing - Planprofile (für Maßnahmenanforderungen)

Wie bei den anderen Objekten des Investitionsmanagements, muss auch der Maßnahmenanforderung ein sogenanntes »Planprofil« zugeordnet werden. Dieses bestimmt den Planungszeithorizont und die Planungssicht *Gesamtwerte* oder *Jahreswerte*.

Die Imsol GmbH nutzt die Planung auf Gesamt- und Jahreswerte mit einem Planungszeithorizont von einem Jahr in die Vergangenheit und fünf Jahren in die Zukunft.

Zu jeder Maßnahmenanforderung gehören sowohl ein *Kosten-* als auch ein *Ertragsplanprofil*. Darin werden jeweils die Steuerungsparameter für die Planung der zu erwartenden Kosten und Erträge hinterlegt. Die Zuordnung erfolgt über die Anforderungsart (siehe Abschnitt 2.4.1).

- Kostenplanung/Kostenplanprofil

Sie finden den Eintrag im Einführungsleitfaden wie folgt: INVESTITIONSMANAGEMENT • MAßNAHMENANFORDERUNGEN • PLANUNG • KOSTENPLANUNG • PLANPROFILE FÜR KOSTENPLANUNG PFLEGEN (siehe Abbildung 2.34).

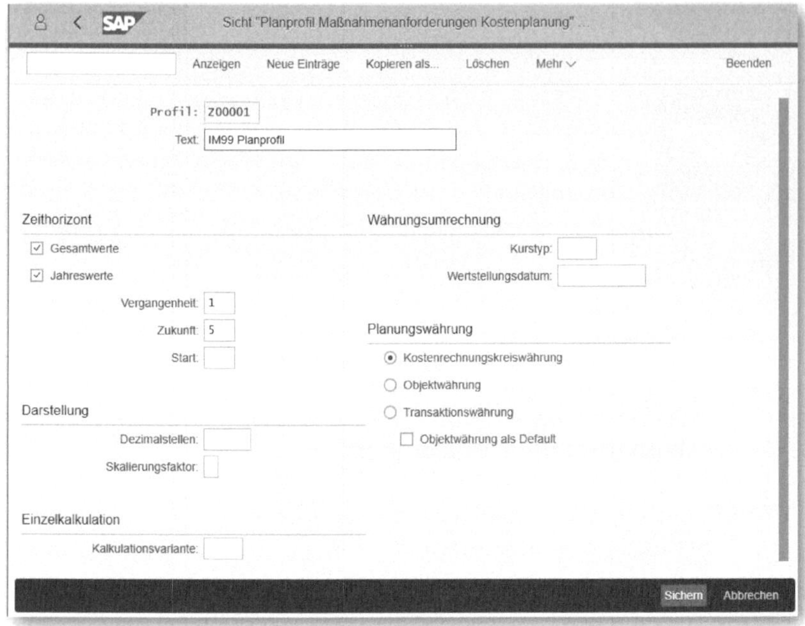

Abbildung 2.34: Maßnahmenanforderung – Planprofil, Kostenplanung

Hier können Sie die Parameter zum Zeithorizont, zum Darstellungstyp, zur Währungsumrechnung und zur Planungswährung hinterlegen.

Die Zuordnung des Profils erfolgt entweder in der Anforderungsart oder über den Menüpfad INVESTITIONSMANAGEMENT • MAßNAHMENANFORDERUNGEN • PLANUNG • KOSTENPLANUNG • ZUORDNUNG ANFORDERUNGSART/PLANPROFIL FESTLEGEN (siehe Abbildung 2.35).

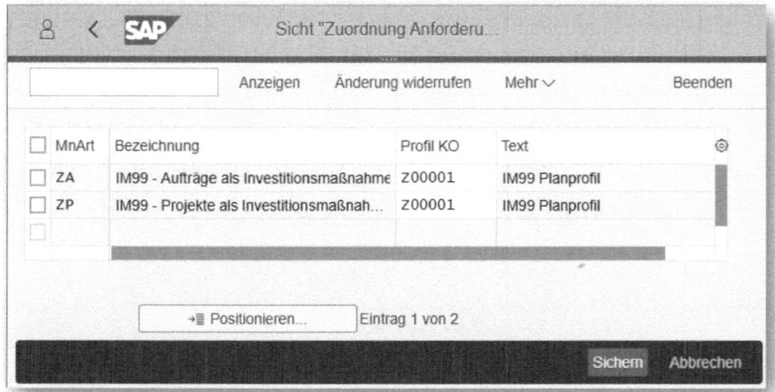

Abbildung 2.35: Maßnahmenanforderung – Planprofil zuordnen, Anforderungsart

- Ertragsplanung/Ertragsplanprofil

Die Ertragsplanung konfigurieren Sie im Einführungsleitfaden über INVESTITIONSMANAGEMENT • MAßNAHMENANFORDERUNGEN • PLANUNG • ERTRAGSPLANUNG • PLANPROFILE FÜR ERTRAGSPLANUNG PFLEGEN.

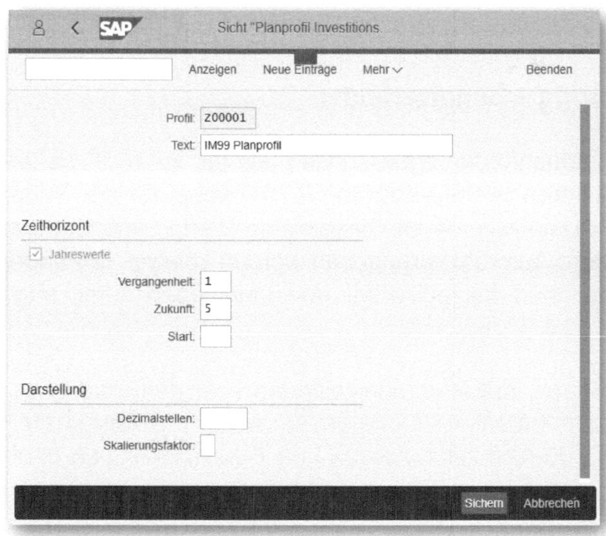

Abbildung 2.36: Maßnahmenanforderung – Planprofil, Ertragsplanung

Im Bereich Ertragsplanung können Sie Parameter zum Zeithorizont und zum Darstellungstyp hinterlegen (siehe Abbildung 2.36). Die Zuordnung des Profils, wie in Abbildung 2.37 gezeigt, erfolgt entweder in der Anforderungsart oder über INVESTITIONSMANAGEMENT • MAßNAHMENANFORDERUNGEN • PLANUNG • ERTRAGSPLANUNG • ZUORDNUNG ANFORDERUNGSART/PLANPROFIL FESTLEGEN.

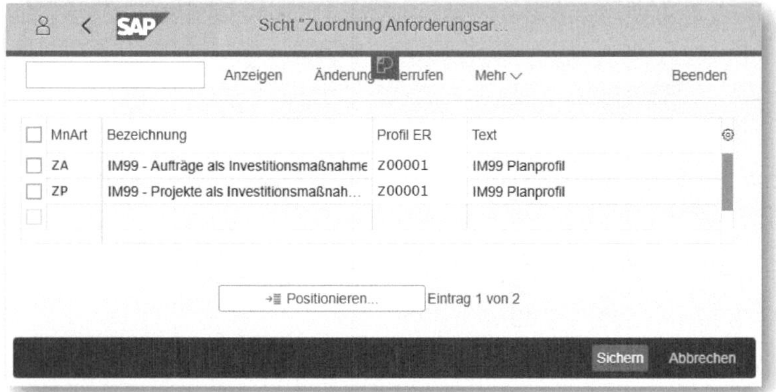

Abbildung 2.37: Maßnahmenanforderung – Planprofil zuordnen, Anforderungsart

2.4.4 Customizing – Benutzerfelder

Bei den Maßnahmenanforderungen können Sie bis zu zwölf *Benutzerfelder* frei definieren (siehe Abbildung 2.38), wobei für die Felder USERFELD 03 und USERFELD 04 im Customizing Werte hinterlegt und damit für die spätere Auswahl vorgegeben werden können. Die anderen Benutzerfelder sind frei editierbar und unterliegen damit auch keiner Prüfung.

Sie finden den Eintrag im Einführungsleitfaden über den Pfad INVESTITIONSMANAGEMENT • MAßNAHMENANFORDERUNGEN • STAMMDATEN • BENUTZERFELDER • KURZBEZEICHNUNGEN FÜR BENUTZERFELDER PFLEGEN.

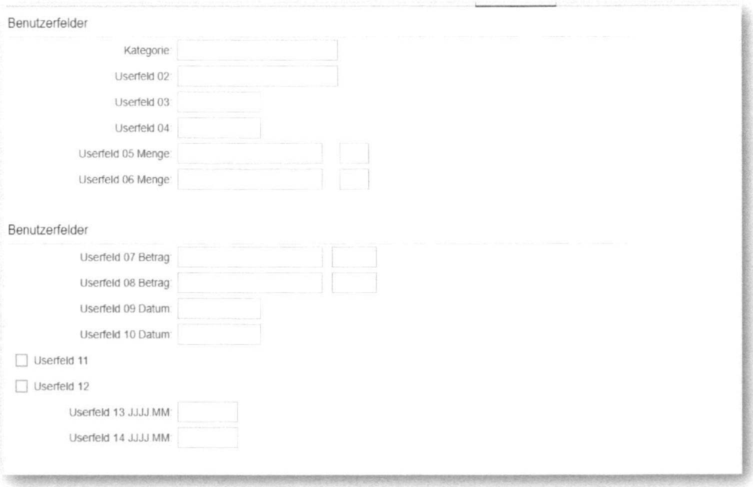

Benutzerfelder

Kategorie:
Userfeld 02:
Userfeld 03:
Userfeld 04:
Userfeld 05 Menge:
Userfeld 06 Menge:

Benutzerfelder

Userfeld 07 Betrag:
Userfeld 08 Betrag:
Userfeld 09 Datum:
Userfeld 10 Datum:
Userfeld 11
Userfeld 12
Userfeld 13 JJJJ MM:
Userfeld 14 JJJJ MM:

Abbildung 2.38: Maßnahmenanforderung – Benutzerfelder 1

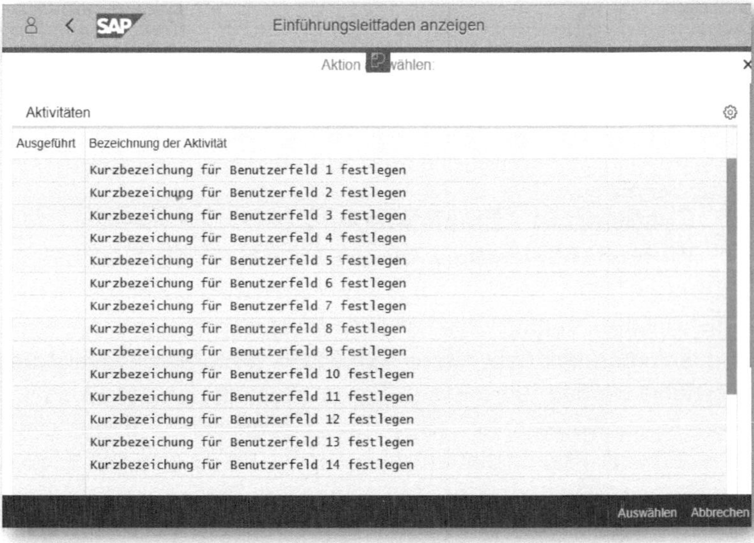

Einführungsleitfaden anzeigen

Aktion wählen:

Aktivitäten

Ausgeführt	Bezeichnung der Aktivität
	Kurzbezeichung für Benutzerfeld 1 festlegen
	Kurzbezeichung für Benutzerfeld 2 festlegen
	Kurzbezeichung für Benutzerfeld 3 festlegen
	Kurzbezeichung für Benutzerfeld 4 festlegen
	Kurzbezeichung für Benutzerfeld 5 festlegen
	Kurzbezeichung für Benutzerfeld 6 festlegen
	Kurzbezeichung für Benutzerfeld 7 festlegen
	Kurzbezeichung für Benutzerfeld 8 festlegen
	Kurzbezeichung für Benutzerfeld 9 festlegen
	Kurzbezeichung für Benutzerfeld 10 festlegen
	Kurzbezeichung für Benutzerfeld 11 festlegen
	Kurzbezeichung für Benutzerfeld 12 festlegen
	Kurzbezeichung für Benutzerfeld 13 festlegen
	Kurzbezeichung für Benutzerfeld 14 festlegen

Auswählen Abbrechen

Abbildung 2.39: Maßnahmenanforderung – Benutzerfelder 2

Mit einem Doppelklick auf das entsprechende Benutzerfeld (Abbildung 2.39) öffnet sich eine Maske, in der Sie das gewählte Feld (gemäß Abbildung 2.40) umbenennen können.

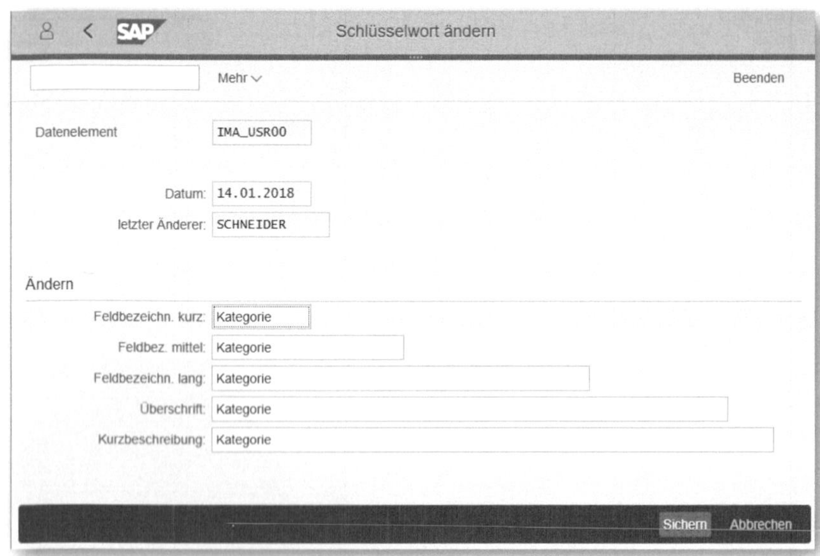

Abbildung 2.40: Maßnahmenanforderung – Benutzerfelder 3

2.4.5 Customizing – Einstellungen zur Wirtschaftlichkeitsrechnung

Soll im weiteren Verlauf eine *Wirtschaftlichkeitsrechnung* der Maßnahmenanforderung bzw. ihrer einzelnen Anforderungsvarianten durchgeführt werden, so müssen Sie im Customizing die Zinssätze für den Kalkulationszinsfuß (Soll- und Habenzinsen) sowie einen Bezugszeitpunkt (Bezugsdatum) hinterlegen. Sie finden den Eintrag im Einführungsleitfaden über den folgenden Pfad INVESTITIONSMANAGEMENT • MAßNAHMENANFORDERUNGEN • PLANUNG • ZINSKURVE FÜR KAPITALWERTERMITTLUNG FESTLEGEN.

Die Zinssätze werden vom SAP-System über sogenannte *Zinskurven* ermittelt (siehe Abbildung 2.41). Hierzu werden pro Währung jeweils eine Zinskurve für Habenzinsen (SAP-Zinskurvenart 9990 Geldzinsen) und für Sollzinsen (SAP Zinskurvenart 9991 Briefzinsen) hinterlegt.

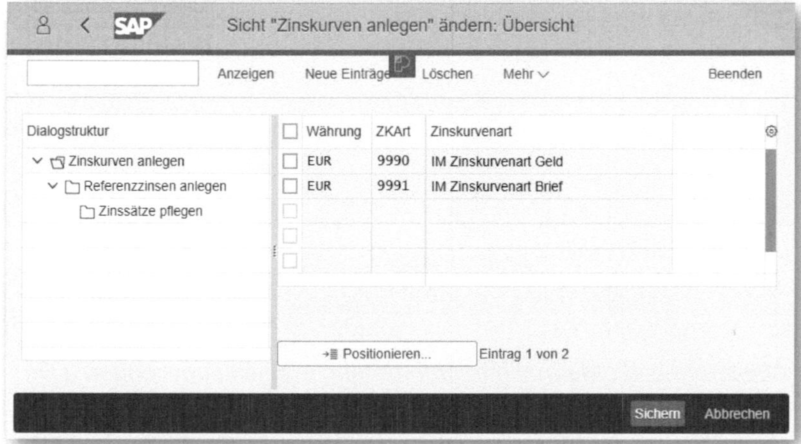

Abbildung 2.41: Maßnahmenanforderung – Zinskurve anlegen 1

Pro Zinskurve können für den Kurvenverlauf beliebig viele LAUFZEITEN mit mindestens einem entsprechenden Referenzzinssatz pro Laufzeit definiert werden (siehe Abbildung 2.42). Die Zinskurven gelten mandantenweit und damit kostenrechnungskreisübergreifend.

Der Kapitalwert einer Maßnahmenanforderung bzw. einer Variante wird durch das System als Summe der ab- bzw. aufgezinsten geplanten Ein- und Auszahlungen je Jahr ermittelt.

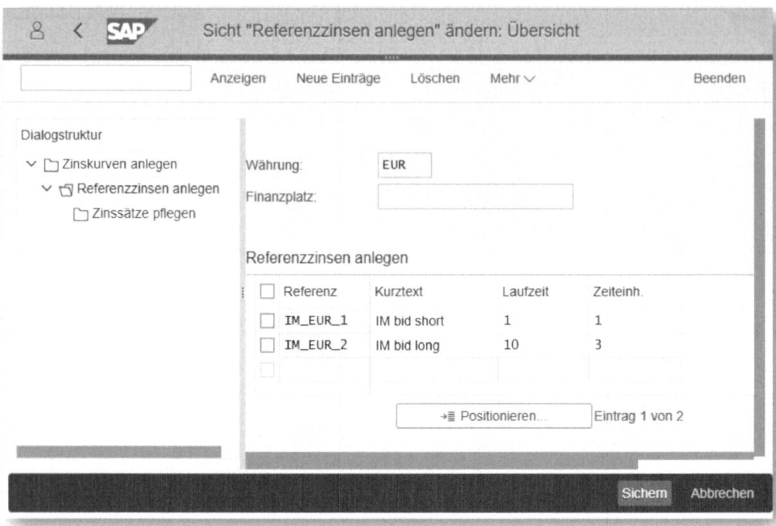

Abbildung 2.42: Maßnahmenanforderung – Zinskurve anlegen 2

Die Zinssätze können Sie nun im Einzelnen zeitabhängig einpflegen (siehe Abbildung 2.43).

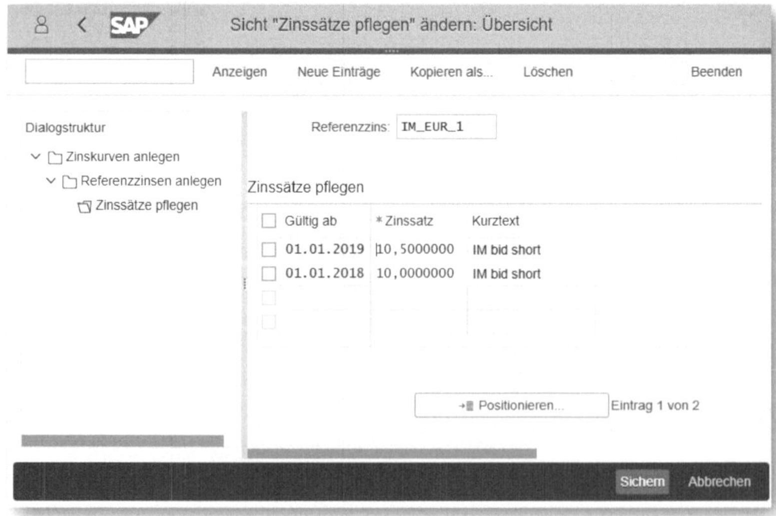

Abbildung 2.43: Maßnahmenanforderung – Zinskurve anlegen 3

Im nächsten Schritt legen Sie das Bezugsdatum für die Kapitalwertermittlung fest. Sie finden den Eintrag im Einführungsleitfaden über den Pfad INVESTITIONSMANAGEMENT • MAßNAHMENANFORDERUNGEN • PLANUNG • BEZUGSDATUM FÜR KAPITALWERTERMITTLUNG FESTLEGEN.

Hier hinterlegen Sie das Datum, auf dessen Basis das System Wirtschaftlichkeitskennzahlen (z. B. Kapitalwert) ermitteln soll (siehe Abbildung 2.44).

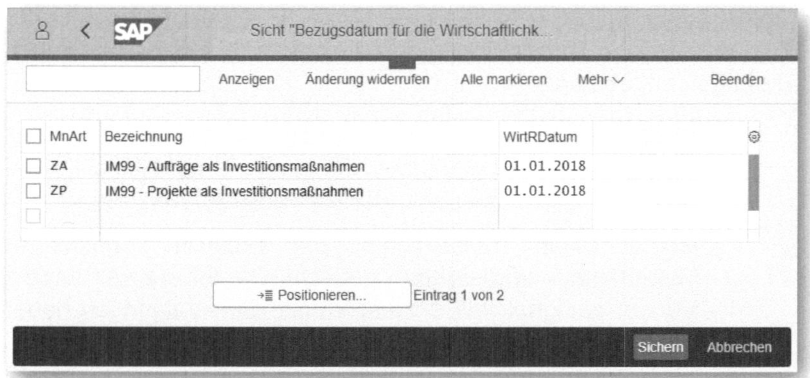

Abbildung 2.44: Maßnahmenanforderung – Bezugsdatum anlegen

2.4.6 Verwendung von Maßnahmenanforderungen

Nachdem die Grundeinstellungen im Customizing vorgenommen wurden, können nun die Maßnahmenanforderungen angelegt werden. Hierzu betrachten wir ein Beispiel unserer Imsol GmbH:

Projekt »Kantine«

Die Niederlassung A hat eine Mitarbeiterkantine, in die schon seit 20 Jahren nicht mehr investiert worden ist. Damit entspricht sie nicht mehr den aktuellen Anforderungen. Die Imsol GmbH hat sich daher zur Investition in diese Kantine entschlossen. Hierzu werden drei Varianten betrachtet:

1. Renovierung der bestehenden Kantine,
2. Bau einer neuen Kantine,
3. Anmietung einer Kantine.

Zunächst werden diese Ideen als Maßnahmenanforderung abgebildet. Der Pfad im SAP-Easy-Access-Menü lautet: RECHNUNGSWESEN • FINANZWESEN • INVESTITIONSMANAGEMENT • ANFORDERUNGEN BEARBEITEN.

Hier werden drei Transaktionen zum Anlegen von Maßnahmenanforderungen angeboten:

- *IMA11*: Diese Transaktion dient dem Anlegen von Standardanforderungen für Benutzer, die die volle Funktionalität des Objekts »Maßnahmenanforderung« ausschöpfen wollen.
- *IMA12*: Diese Transaktion ist zum Erstellen vereinfachter Maßnahmenanforderungen gedacht. Sie ist speziell für Anwender geeignet, die eingeschränkte Berechtigungen haben oder nur wenige Informationen benötigen.
- *IMA13*: Die Transaktion, auch *Internet-Transaktion* genannt, ist durch einen einfach gehaltenen Bildaufbau speziell an die Anforderungen des Internets angepasst. Damit können Maßnahmenanforderungen auch online angelegt und bearbeitet werden – z. B., wenn ein Unternehmen nur in der Konzernzentrale über ein ERP-System verfügt. Auf diesem Weg könnten Anwender in externen Niederlassungen dennoch Maßnahmenanforderungen pflegen.

Das Anlegen von Maßnahmenanforderungen für unser Beispielunternehmen Imsol GmbH erfolgt mit der Transaktion *IMA11* (siehe Abbildung 2.45).

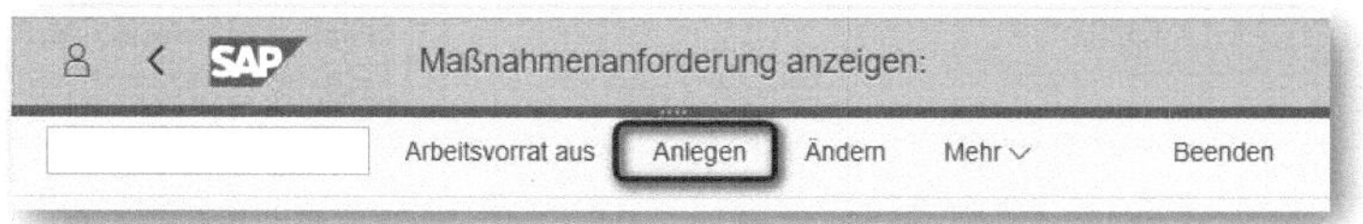

Abbildung 2.45: Maßnahmenanforderung anlegen

Über die Funktion ANLEGEN lassen sich neue Maßnahmenanforderungen erstellen. Zunächst muss die Anforderungsart (siehe Abbildung 2.46) der anzulegenden Maßnahmenanforderung bestimmt werden, in unserem Fall z. B. die Anforderungsart *ZP* für zukünftige PSP-Elemente.

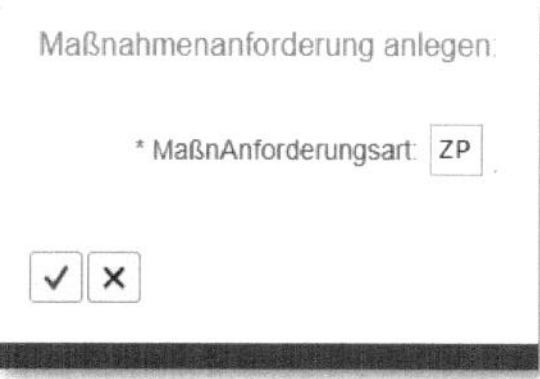

Abbildung 2.46: Maßnahmenanforderungsart auswählen

Im Einstiegsbild (siehe Abbildung 2.47) wird neben der internen Nummernvergabe noch die Bezeichnung der Maßnahmenanforderung hinterlegt. Es öffnet sich eine Eingabemaske mit unterschiedlichen Reitern. Welche Funktionen sich jeweils dahinter verbergen, stelle ich Ihnen im Folgenden vor.

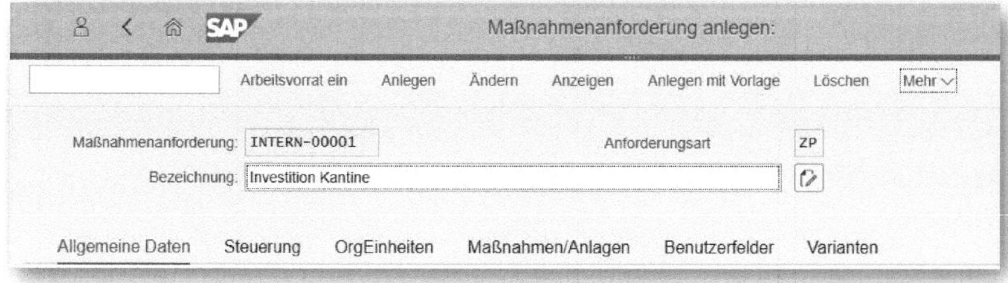

Abbildung 2.47: Maßnahmenanforderung anlegen, Einstiegsbild

Allgemeine Daten

Unter ALLGEMEINE DATEN (siehe Abbildung 2.48) können Sie grundsätzliche Angaben zur Maßnahmenanforderung hinterlegen. Die Rubrik BETEILIGTE dient der Festlegung der Partnerrollen, definiert also, in welcher Beziehung (z. B. Funktion oder Verantwortung) die jeweils beteiligten Rolleninhaber zu einer Maßnahmenanforderung stehen.

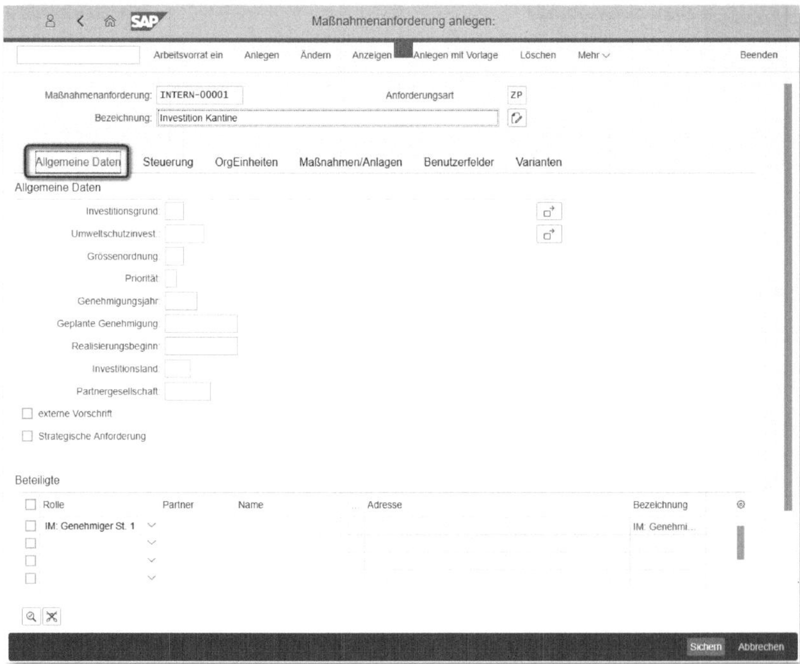

Abbildung 2.48: Maßnahmenanforderung – Reiter »Allgemeine Daten«

Steuerung

Über den Reiter STEUERUNG (siehe Abbildung 2.49) werden sowohl der Status als auch die Zuordnung zu Ihrem Investitionsprogramm hinterlegt. In unserem Beispiel ordnen wir die Maßnahmenanforderung KANTINE der Programmposition FERTIGUNG zu.

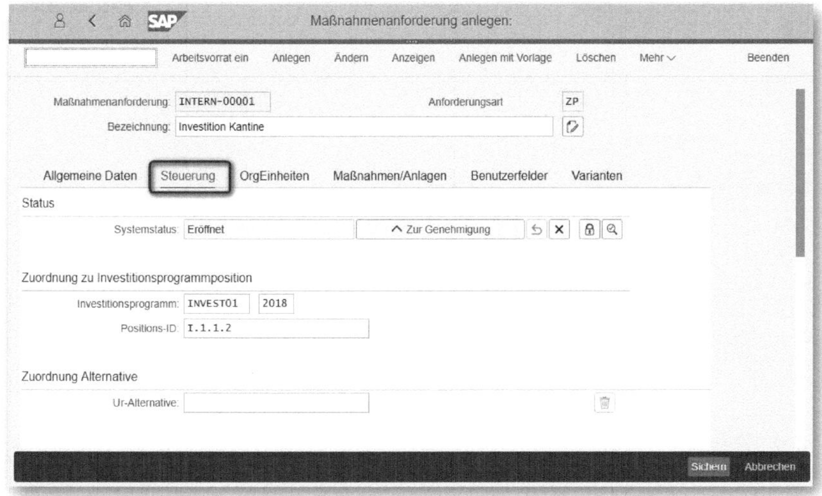

Abbildung 2.49: Maßnahmenanforderung – Reiter »Steuerung«

OrgEinheiten

In den Eingabefeldern des Reiters ORGEINHEITEN (siehe Abbildung 2.50) können Sie Informationen im Hinblick auf die Zugehörigkeit zu den unterschiedlichen anfordernden und verantwortlichen Organisationseinheiten hinterlegen.

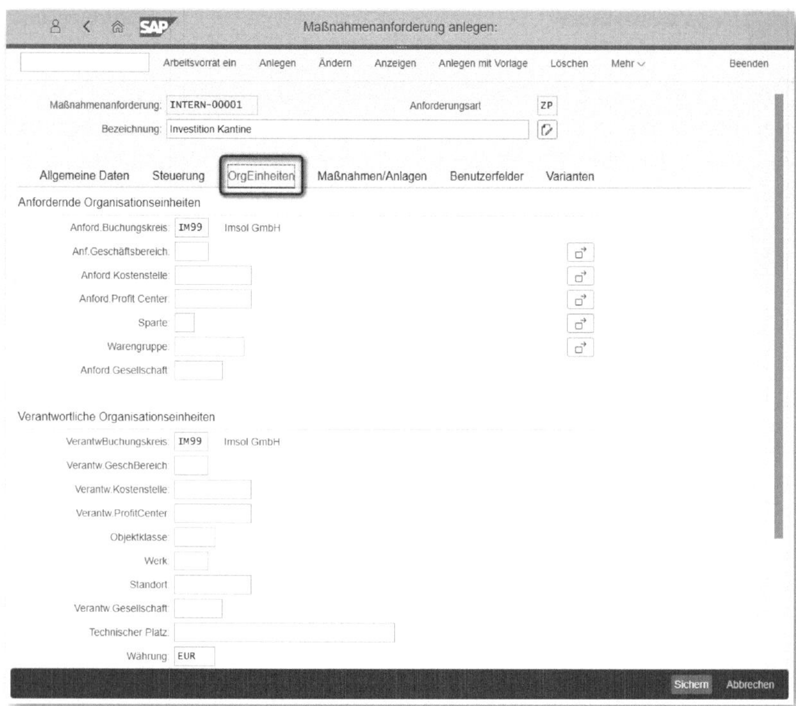

Abbildung 2.50: Maßnahmenanforderung – Reiter »OrgEinheiten«

Maßnahmen/Anlagen

Der Reiter MAßNAHMEN/ANLAGEN (siehe Abbildung 2.51) beinhaltet Informationen zu der ggf. später zu realisierenden Maßnahme (PSP-Element oder Auftrag). Ebenso können Sie hier, ausschließlich zu Informationszwecken, die zu ersetzende ANLAGE oder das zu ersetzende EQUIPMENT hinterlegen.

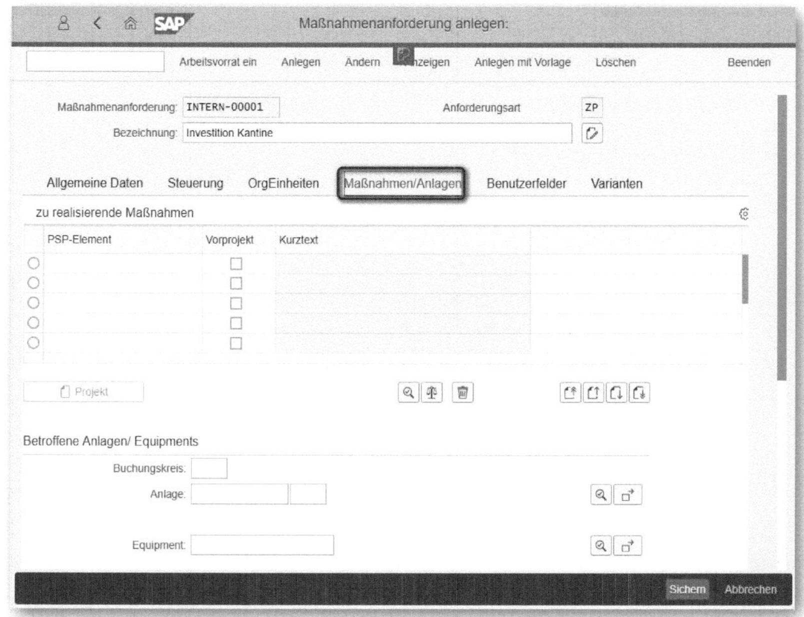

Abbildung 2.51: Maßnahmenanforderung – Reiter »Maßnahmen/Anlagen«

Benutzerfelder

Neben dem in unserem Beispiel genutzten Feld KATEGORIE (siehe Abbildung 2.52) haben Sie die Möglichkeit, die anderen Eingabefelder des Reiters BENUTZERFELDER individuell mit kundeneigenen Kriterien und Werten zu belegen, um später danach auswerten zu können. Das Customizing dieser Funktionalität wurde Ihnen in Abschnitt 2.4.4 erläutert.

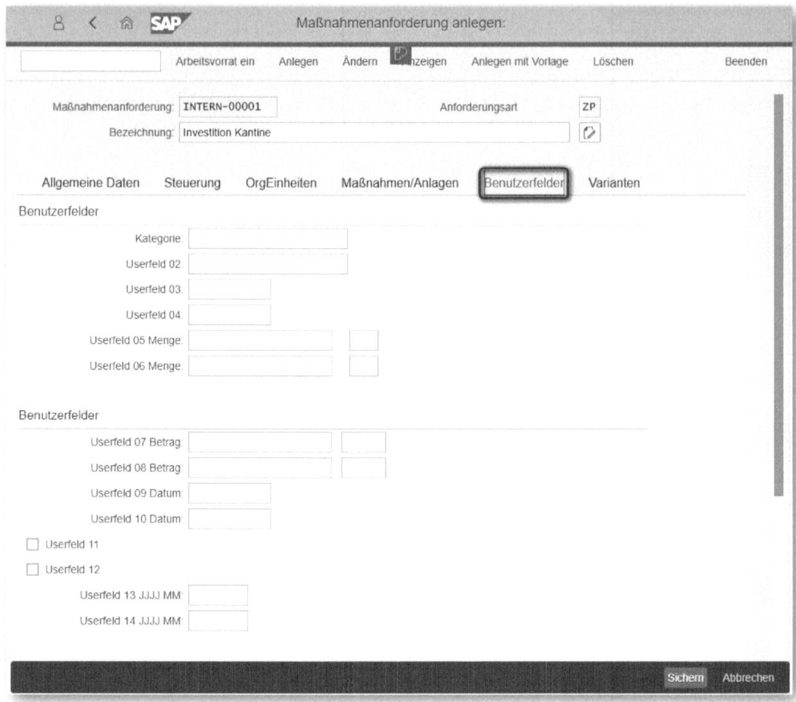

Abbildung 2.52: Maßnahmenanforderung – Reiter »Benutzerfelder«

Varianten

Diese Eingabemaske (siehe Abbildung 2.53) ist das eigentliche »Herzstück« der Maßnahmenanforderung. Hier hinterlegen Sie die unterschiedlichen Investitionsideen. Es können Varianten mit unterschiedlichen Inhalten, sprich: den verschiedenen möglichen Ausprägungen einer Investitionsidee aufgeführt werden. Für unsere Investitionsidee »Kantine« hatten wir eingangs bereits die Varianten

- Renovierung der bestehenden Kantine,
- Bau einer neuen Kantine und
- Anmietung einer Kantine

festgelegt. Betrachten wir im Folgenden die Abbildung dieser Varianten innerhalb der Maßnahmenanforderungen.

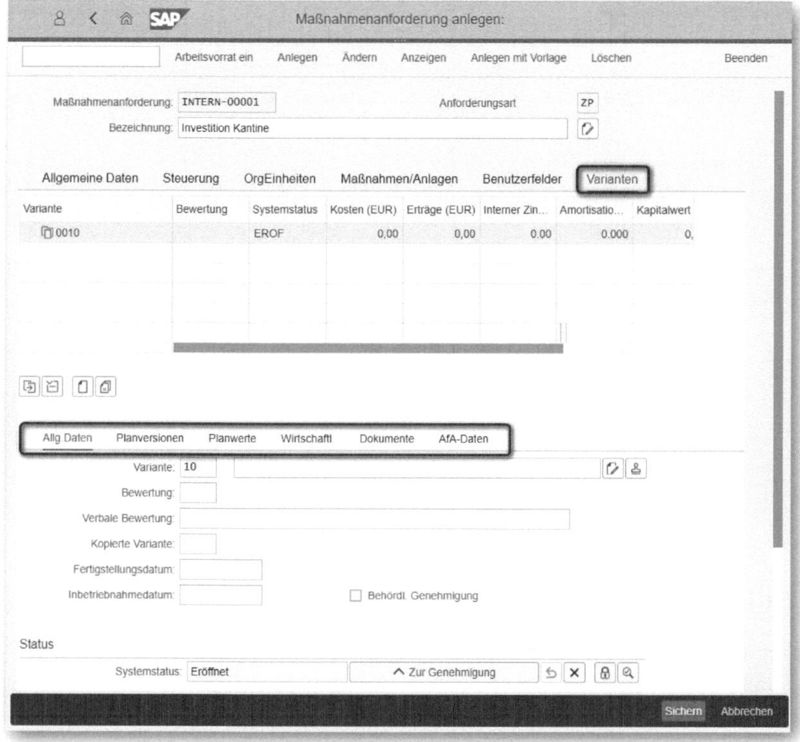

Abbildung 2.53: Maßnahmenanforderung – Reiter »Varianten«

Der Reiter VARIANTEN ist seinerseits in sechs weitere Reiter gegliedert, die ich Ihnen nun näher erläutere:

- Allgemeine Daten,
- Planversionen,
- Planwerte,
- Wirtschaftlichkeitsrechnung,
- Dokumente,
- AfA-Daten.

Reiter Varianten – Allgemeine Daten

Bei jeder Maßnahmenanforderung muss mindestens eine sogenannte *Anforderungsvariante* (siehe Abbildung 2.54) hinterlegt werden.

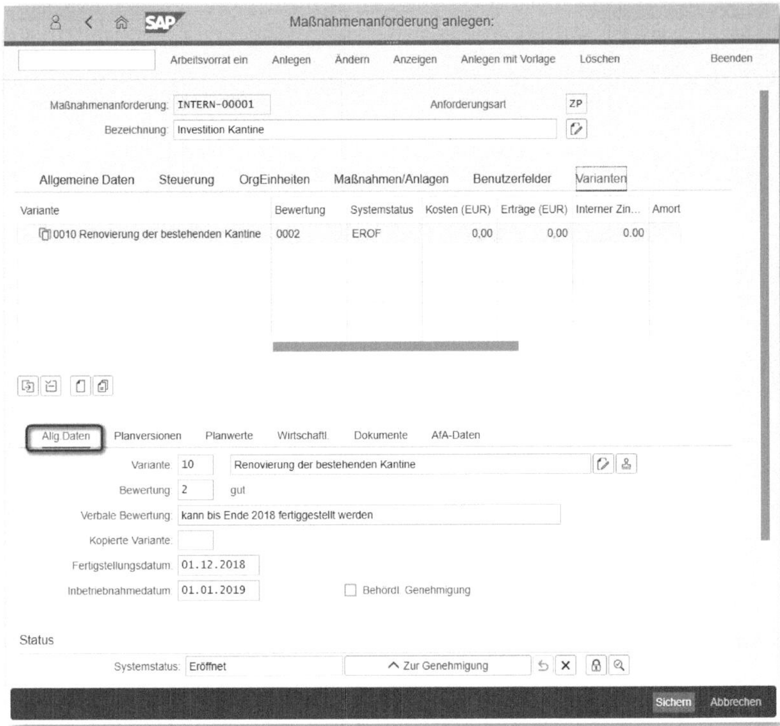

Abbildung 2.54: Maßnahmenanforderung – Pflege von Anforderungsvariante 0010 im Reiter »Varianten«

Diese VARIANTE (*Renovierung der bestehenden Kantine*) beinhaltet die entsprechenden Informationen zur Durchführung der geplanten

Investition/Idee. Neben allgemeinen Stammdaten sind dies:

- Identifikation der Variante (vierstelliger Schlüssel),
- verbale Bewertung oder Benotung,
- Termin der Fertigstellung,
- Termin der Inbetriebnahme,
- Kennzeichnung, ob eine Maßnahmenanforderung durch Behörden oder externe Gremien genehmigt werden muss (dieses hat keine steuernde Wirkung).

Die Idee »Umbau der Kantine« wird in einer zweiten Variante 0020 der gleichen Maßnahmenanforderung abgebildet.

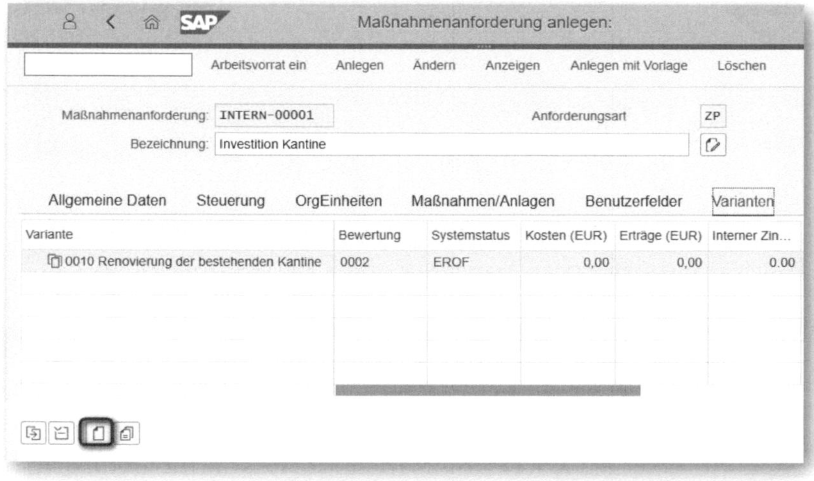

Abbildung 2.55: Maßnahmenanforderung – Weitere Variante anlegen

Zum Anlegen einer neuen Variante klicken Sie bitte auf das Icon ANLEGEN (siehe Abbildung 2.55) und hinterlegen im sich öffnenden Fenster (siehe Abbildung 2.56) alle Informationen für diese Idee.

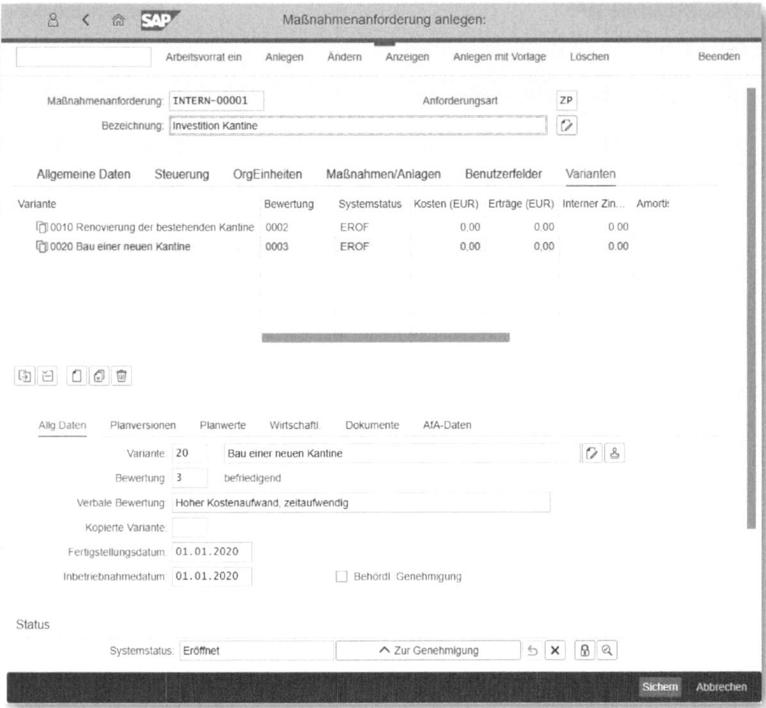

Abbildung 2.56: Maßnahmenanforderung – Variante 0020 ausprägen

Ebenso können Sie für weitere Ideen vorgehen.

Reiter Varianten – Planversionen

Nach Zuordnung der allgemeinen Daten müssen nun noch alle Varianten jeweils einer PLANVERSION (siehe Abbildung 2.57) zugeordnet werden.

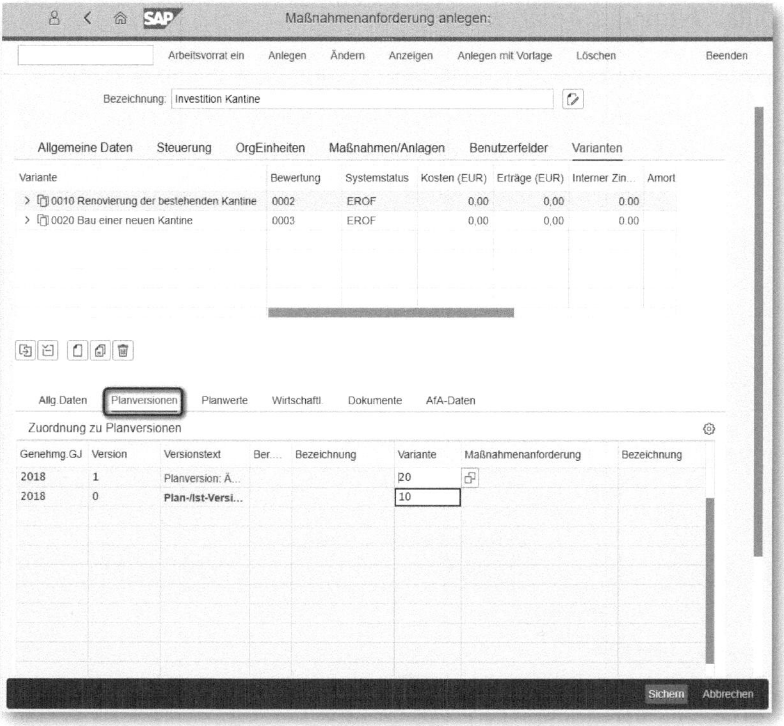

Maßnahmenanforderung anlegen:

Arbeitsvorrat ein | Anlegen | Ändern | Anzeigen | Anlegen mit Vorlage | Löschen | Beenden

Bezeichnung: Investition Kantine

Allgemeine Daten | Steuerung | OrgEinheiten | Maßnahmen/Anlagen | Benutzerfelder | Varianten

Variante	Bewertung	Systemstatus	Kosten (EUR)	Erträge (EUR)	Interner Zin...	Amort
0010 Renovierung der bestehenden Kantine	0002	EROF	0,00	0,00	0,00	
0020 Bau einer neuen Kantine	0003	EROF	0,00	0,00	0,00	

Allg.Daten | Planversionen | Planwerte | Wirtschaftl. | Dokumente | AfA-Daten

Zuordnung zu Planversionen

Genehmg.GJ	Version	Versionstext	Ber....	Bezeichnung	Variante	Maßnahmenanforderung	Bezeichnung
2018	1	Planversion: Ä...			20		
2018	0	Plan-/Ist-Versi...			10		

Sichern | Abbrechen

Abbildung 2.57: Maßnahmenanforderung – Zuordnung einer Variante zur Planversion

Versionen

Die Varianten in einer Maßnahmenanforderung müssen unterschiedlichen Versionen zugeordnet werden. Das bedeutet, dass gemäß der Anzahl der Varianten die entsprechenden Planversionen im Customizing zugeordnet sein müssen.

Reiter Varianten – Planwerte

In den Eingabefeldern dieses Reiters werden die Daten für die Aufwands- und Ertragsplanung hinterlegt (siehe Abbildung 2.58). Sie können die Aufwände in INVESTITIONSKOSTEN und GEMEINKOSTEN unterteilen.

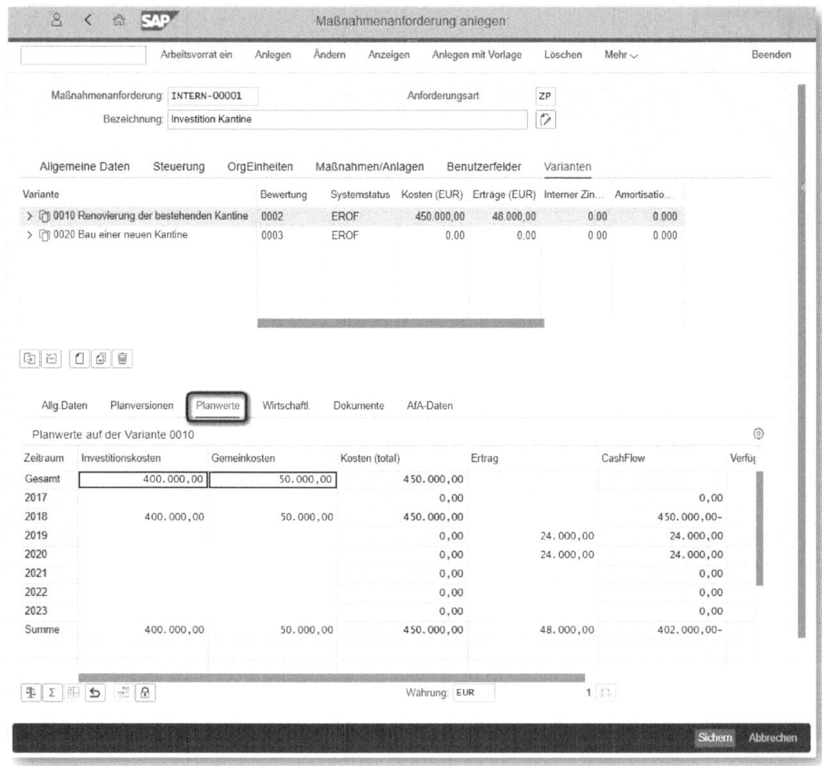

Abbildung 2.58: Maßnahmenanforderung – Aufwands- und Ertragsplanung

Die geplanten Werte bilden die Grundlage für die mögliche Wirtschaftlichkeitsrechnung.

Hochsummieren

Da SAP leider nicht vorsieht, die einzelnen Jahreswerte automatisch zu einem Gesamtwert aufzuaddieren, vergessen Sie bitte nicht, Ihre Jahreswerte zu summieren. Nutzen Sie hierfür die Funktion HOCHSUMMIEREN.

Reiter Varianten – Wirtschaftlichkeitsrechnung

Hier werden die wirtschaftlichen Kennzahlen der jeweiligen Variante auf Basis der Daten des Reiters PLANWERTE berechnet und dargestellt (siehe Abbildung 2.59). Hierzu klicken Sie bitte auf die Schaltfläche [Wirtschaftlichkeitskennzahlen berechnen].

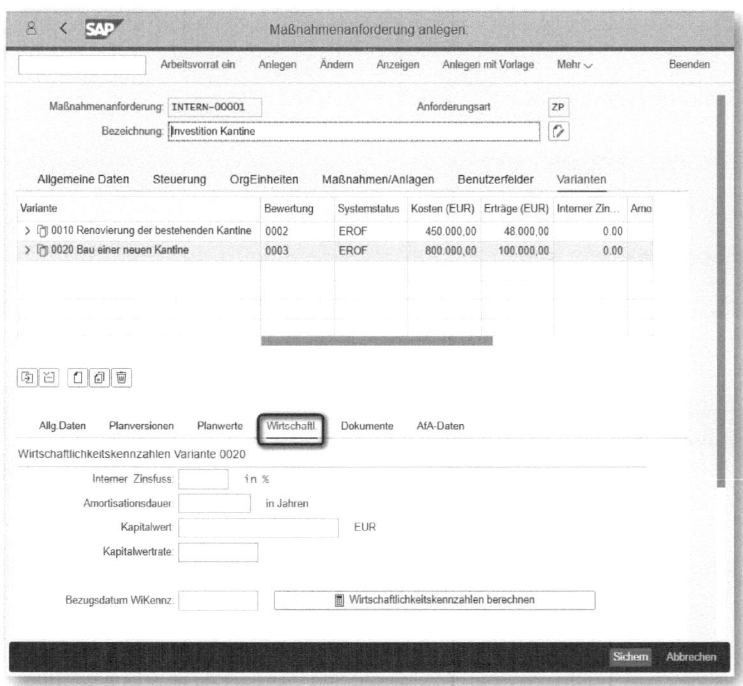

Abbildung 2.59: Maßnahmenanforderung – Wirtschaftlichkeitsrechnung

Die Berechnung der Wirtschaftlichkeitskennzahlen beruht auf der im SAP-Customizing hinterlegten Zinsfindung.

Wirtschaftlichkeitsrechnung – manuelle Werte

Soll die automatische Ermittlung der Kennzahlen nicht genutzt werden, so können Sie die Werte auch manuell in der Variante hinterlegen.

Nachfolgend finden Sie die im SAP-System hinterlegten Formeln für die Ermittlung des Kapitalwerts C und der Kapitalwertrate Cr.

Kapitalwert C

C = S (R – Cs)/(1 + i) ** Y

R = Ertrag eines Jahres

Cs = Kosten eines Jahres

I = Zins der Zinskurve (Brief oder Geld, abhängig davon, ob R – Cs positiv oder negativ ist)

Y = Jahre, in denen Kosten oder Erträge oder beides geplant sind. (Die Summe der Formel wird über diese Jahre gebildet.)

Kapitalwertrate Cr

Cr = C / Ci

Ci = eingesetztes Kapital = S C/(1 + i) ** Y (Die Summe der Formel wird über die Jahre mit geplanten Kosten oder Erträgen gebildet.)

Reiter Varianten – Dokumente

Oft gibt es bereits im Vorfeld der Phase der Ideensammlung eine Vielzahl technischer und/oder kaufmännischer Dokumente. Diese können über die zentrale Funktion der *Dokumentenverwaltung* des SAP-Systems mit einer Maßnahmenanforderung verknüpft werden. Sie haben die Möglichkeit, beliebige Dokumente wie

- Originalbelege,
- Pdf-Dateien,
- Textdateien,
- Konstruktionszeichnungen,
- Tabellenkalkulationen
- usw.

mit einer Anforderungsvariante zu verknüpfen (siehe Abbildung 2.60).

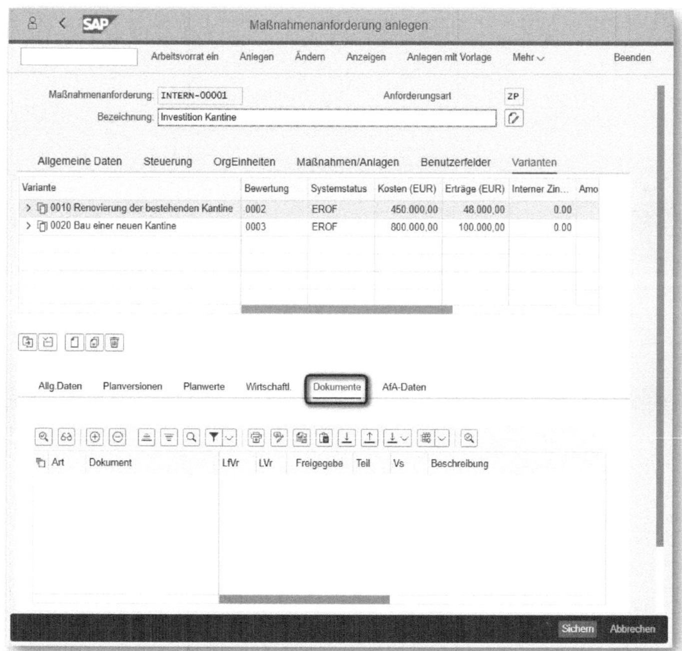

Abbildung 2.60: Maßnahmenanforderung – Dokumente beifügen

Reiter Varianten – AfA-Daten

Dieser Reiter bietet Ihnen die Möglichkeit, die Eckdaten für die AfA (*Abschreibung für Anschaffung*) Ihrer Ideen zu hinterlegen. Über die SAP-Standardberichte können Sie anschließend eine AfA-Simulation auf Grundlage der hinterlegten Werte durchführen, wie in Abbildung 2.61 beschrieben.

Hierbei können Sie entweder nur über die Maßnahmenanforderungen oder auch über alle Anlagen inklusive der Maßnahmenanforderungen simulieren.

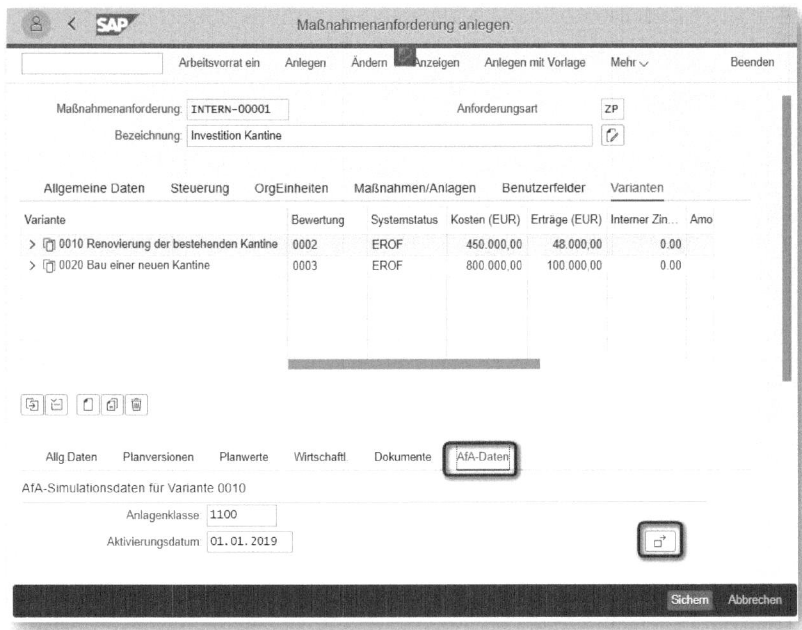

Abbildung 2.61: Maßnahmenanforderung – Reiter »Varianten, AfA-Daten«

Mit einem Doppelklick auf die Schaltfläche AUFTEILUNG [⇗] können Sie die Simulationsdaten weiter detaillieren (siehe Abbildung 2.62).

AfA-Simulation – Aufteilungsoptionen

Je nach gewünschter Genauigkeit können Sie eine prozentuale Aufteilung entweder auf verschiedene Kostenstellen innerhalb einer Anlagenklasse oder auf unterschiedliche Anlagenklassen vornehmen.

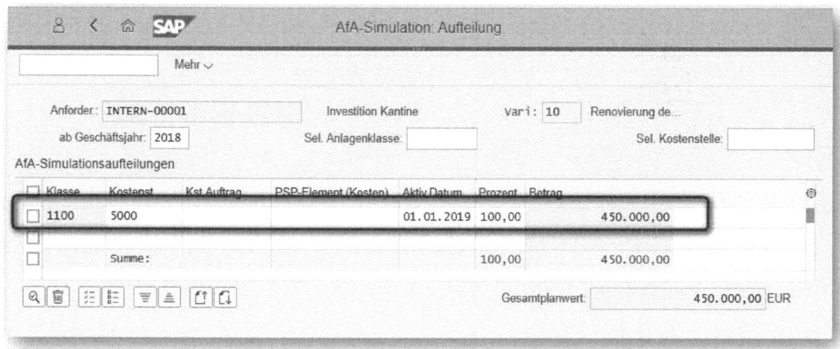

Abbildung 2.62: Maßnahmenanforderung – AfA, Simulation 1

Hier können Sie nun durch Doppelklick auf ANLAGENKLASSE die Parameter wie ABSCHREIBUNGSSCHLÜSSEL, NUTZUNGSDAUER oder AFA-BEGINN anpassen.

Die Steuerungsdaten für die Anlagenklasse werden aus dem FI-AA übernommen und der Maßnahmenanforderung zur Verfügung gestellt (siehe Abbildung 2.63). Diese Daten werden später nicht wieder in das FI-AA zurückgeschrieben.

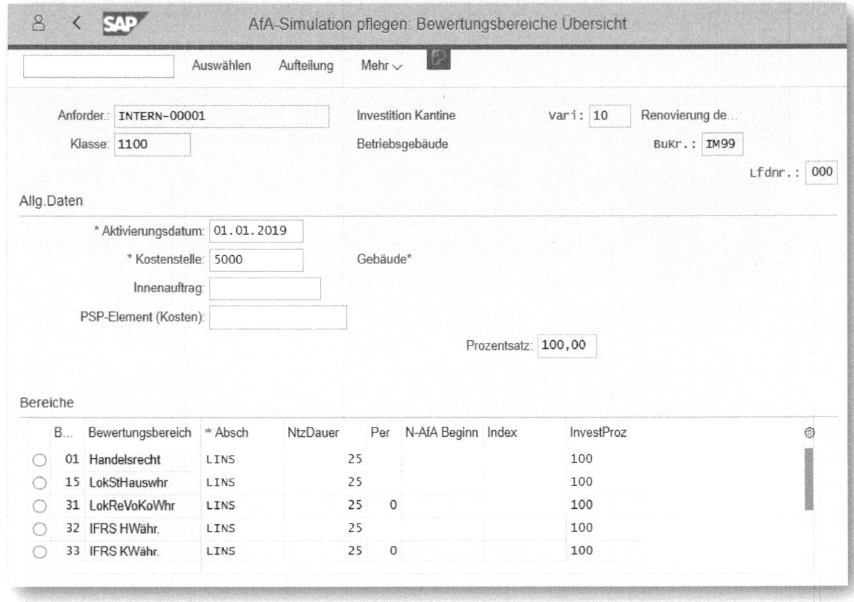

Abbildung 2.63: Maßnahmenanforderung – AfA, Simulation 2

Beim Verlassen der Pflege der AfA-Simulation können Sie entscheiden (siehe Abbildung 2.64), ob Sie die Organisationdaten aus der Anlagenklasse in die Maßnahmenanforderung übernehmen wollen.

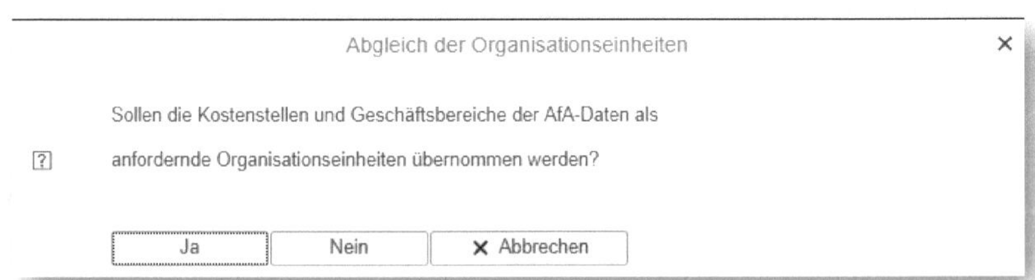

Abbildung 2.64: Abgleich der Organisationseinheiten

Stimmen Sie dem zu, werden die vom System abzuleitenden Werte in den Reiter ORGEINHEITEN übernommen, wie in Abbildung 2.65 gezeigt.

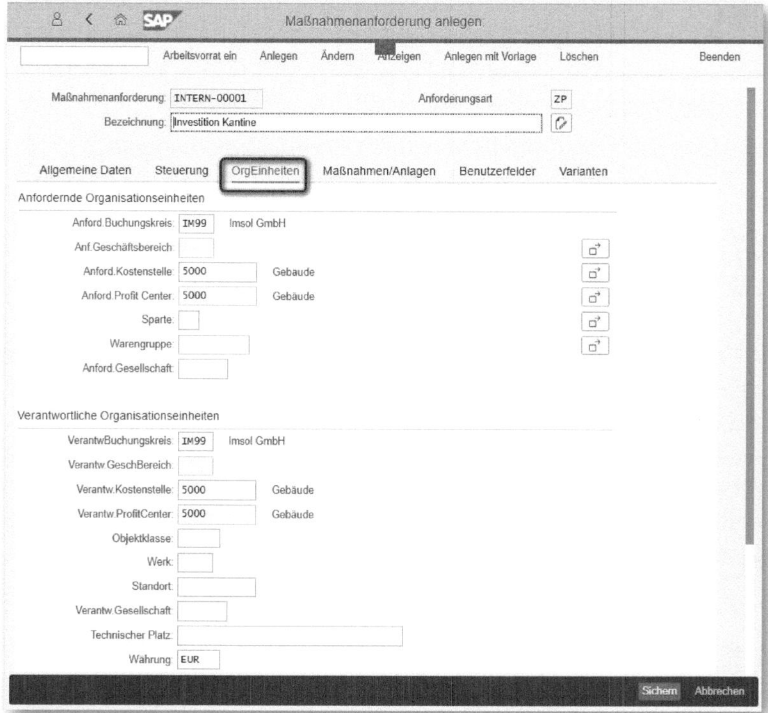

Abbildung 2.65: Maßnahmenanforderung – AfA-Daten, Übernahme von Org-Daten

Nachdem Sie alle Varianten und Stammdaten hinterlegt haben, speichern Sie die Maßnahmenanforderung über die Schaltfläche Sichern (siehe Abbildung 2.66). Mit diesem Schritt wird eine Anforderungsnummer erzeugt (siehe Abbildung 2.67).

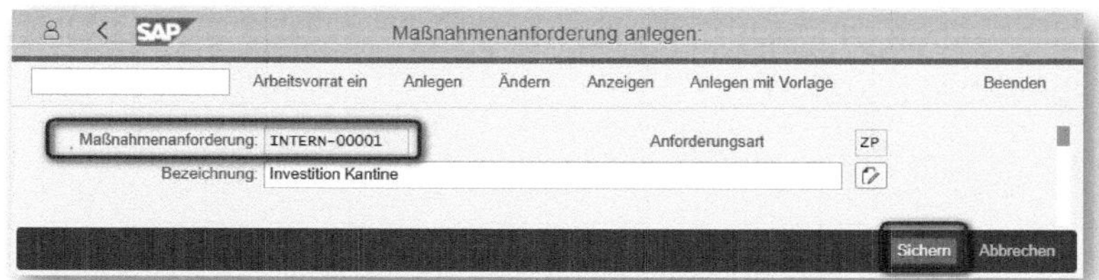

Abbildung 2.66: Maßnahmenanforderung vor dem »Sichern«

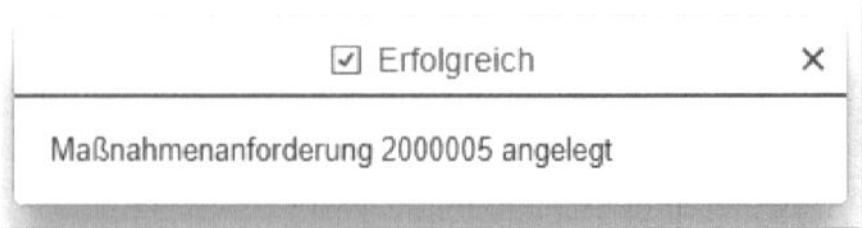

Abbildung 2.67: Maßnahmenanforderung erfolgreich angelegt

2.4.7 Unterschiedliche Abbildung verschiedener Investitionsoptionen

Für Unternehmen gibt es im Rahmen der Maßnahmenanforderungen noch weitere Möglichkeiten, die verschiedenen Investitionsideen z. B. »Bau einer neuen Kantine/Umbau der Kantine/Anmietung einer Kantine« abzubilden. Sie können auf unterschiedliche Weise in einer bzw. mehreren Maßnahmenanforderungen abgebildet werden. Das SAP-Investitionsmanagement unterscheidet grundsätzlich drei Darstellungsformen, die wir im Folgenden näher betrachten wollen:

- Anforderungsvarianten,
- Alternativen,
- einzelne Anforderungen.

Anforderungsvarianten

Diese Möglichkeit der Abbildung einer Maßnahmenanforderung mit mehreren Varianten habe ich in Abschnitt 2.4.6 – VARIANTEN gezeigt.

Die verschiedenen Ideen werden innerhalb einer Maßnahmenanforderung in Form unterschiedlicher Varianten angelegt und bewertet (siehe Abbildung 2.68).

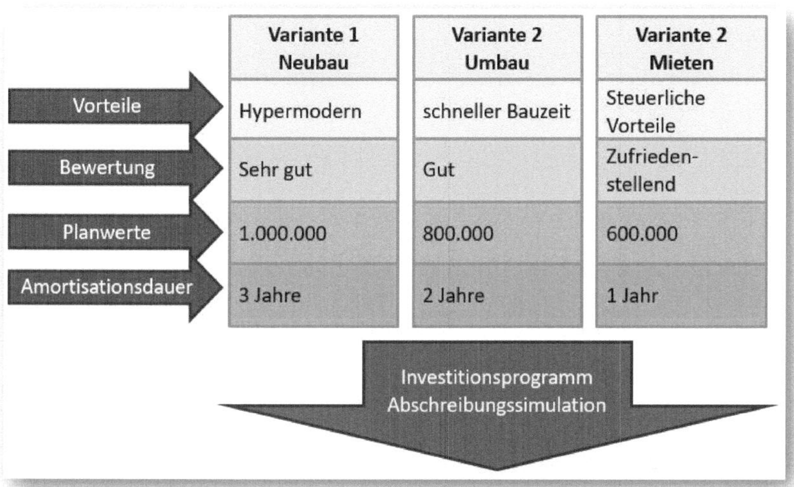

Abbildung 2.68: Maßnahmenanforderung – Varianten

Alternativen/Ur-Alternative

Bei dieser Möglichkeit werden einzelne Maßnahmenanforderungen angelegt. Eine dieser Anforderungen stellt die sogenannte *Ur-Alternative* dar, zu der die anderen Maßnahmenanforderungen gemäß Abbildung 2.69 zugeordnet werden.

Durch diese Zuordnung »kennen« sich die einzelnen Alternativen. Sie können sie zwar isoliert voneinander bearbeiten, aber es kann nur eine dieser Alternativen realisiert werden (siehe Abbildung 2.70).

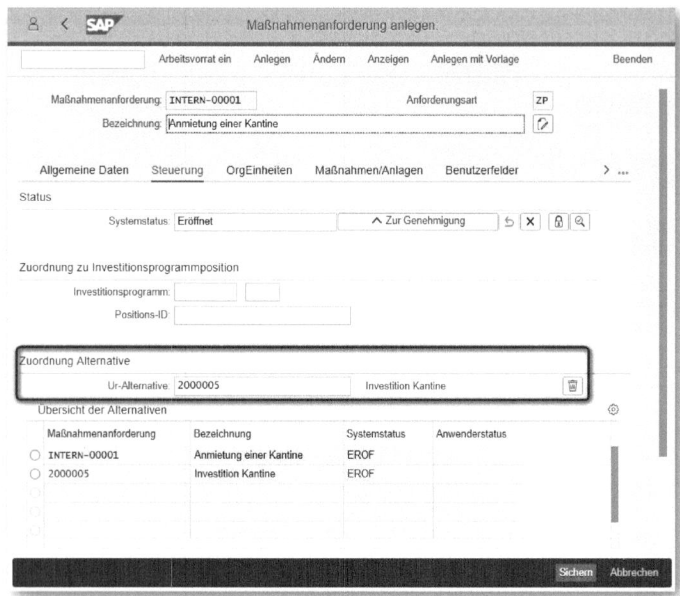

Abbildung 2.69: Maßnahmenanforderung – Zuordnung Ur-Alternative

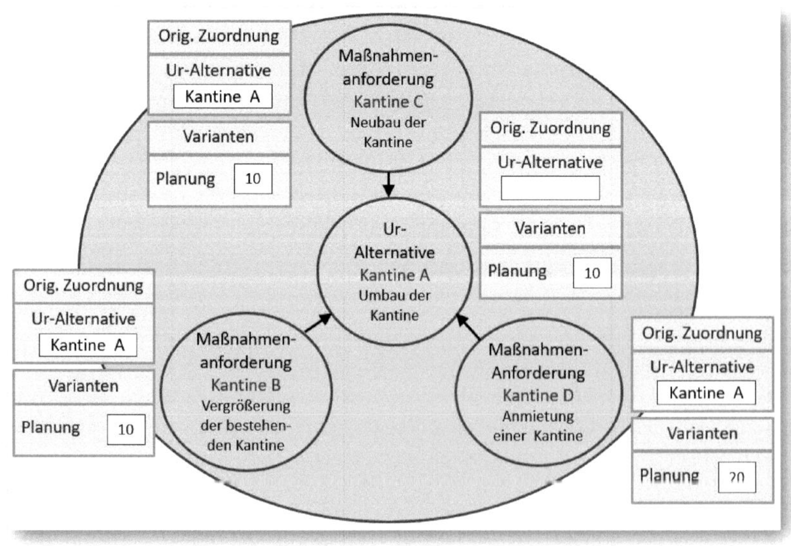

Abbildung 2.70: Maßnahmenanforderung – Alternativen

Einzelne Anforderungen

Die dritte Form der Abbildung ist das Anlegen von drei voneinander unabhängigen Maßnahmenanforderungen mit jeweils nur einer Variante:

- Maßnahmenanforderung 1 ⇨ Bau einer neuen Kantine,
- Maßnahmenanforderung 2 ⇨ Umbau der Kantine oder
- Maßnahmenanforderung 3 ⇨ Anmietung einer Kantine.

Vergleich der drei Darstellungsformen

Welche dieser drei Möglichkeiten ein Unternehmen wählt, wird durch den gewünschten Datenpflegeumfang, die Möglichkeit, unterschiedliche Organisationseinheiten zu hinterlegen und die Absicherung zur Genehmigung mehrerer Investitionsideen bestimmt.

Nachstehend habe ich Ihnen die Vor- und Nachteile tabellarisch zusammengefasst:

Darstellung	Vorteile	Nachteile
Varianten	Org.-Einheiten müssen nur einmal eingegeben werden; alle Varianten haben dieselbe Zuordnung zum Investitionsprogramm	Abbildung grundverschiedener Optionen ist nicht möglich; keine Zuordnung zu verschiedenen Programmpositionen möglich; jede Variante muss einer anderen Planversion zugeordnet werden
Alternativen	auch verschiedene Org.-Einheiten (z. B. Buchungskreise) möglich, dadurch z. B. in verschiedenen Ländern; verschiedene Zuordnungen zum Investitionsprogramm möglich	Falls alle Alternativen dieselben Org.-Einheiten haben: ⇨ hoher Aufwand bei der Eingabe

Darstellung	Vorteile	Nachteile
Einzelne Anforderungen	auch verschiedene Org.-Einheiten (z. B. Buchungskreise) möglich; verschiedene Zuordnungen zum Investitionsprogramm möglich	Gefahr, dass eventuell mehrere Alternativen genehmigt werden; falls alle Alternativen dieselben Org.-Einheiten haben: ⇨ hoher Aufwand bei der Eingabe

Tabelle 2.5: Maßnahmenanforderungen – Vergleich der Darstellungsformen

2.4.8 Genehmigungsverfahren

Den Maßnahmenanforderungen können Sie ein *Genehmigungsverfahren* zuordnen, an dem mehrere Personen beteiligt sein können.

Die *manuelle Genehmigung* finden Sie im Stammsatz der Maßnahmenanforderung unter dem Reiter STEUERUNG.

Durch mehrfaches Klicken auf die entsprechende Schaltfläche wechselt der SYSTEMSTATUS der Maßnahmenanforderung entsprechend der in den nachfolgenden Abbildungen (Abbildung 2.71 bis Abbildung 2.74) gezeigten Abfolge im Genehmigungsprozess. In diesen Abbildungen wird die zugehörige künftige Investitionsmaßnahme (PSP-Element), wie Sie gleich in Abschnitt 2.4.9 beschrieben wird, erzeugt.

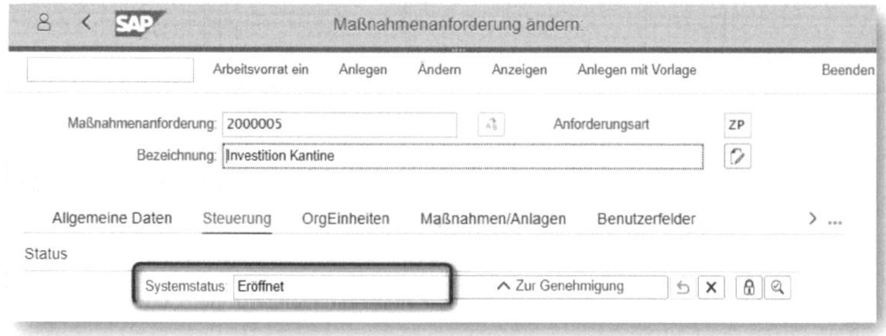

Abbildung 2.71: Maßnahmenanforderung – Status: Eröffnet

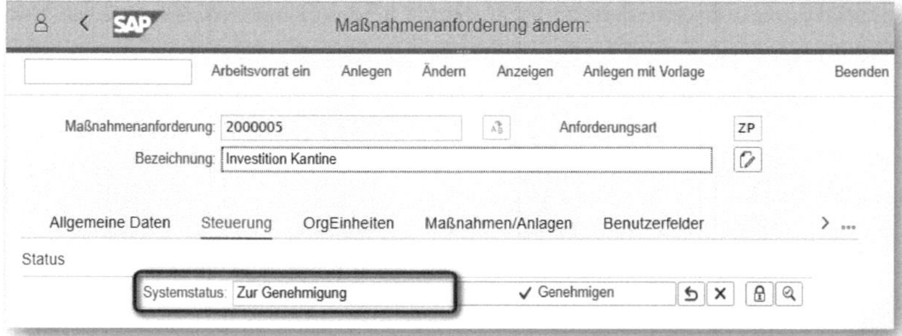

Abbildung 2.72: Maßnahmenanforderung – Status: Zur Genehmigung

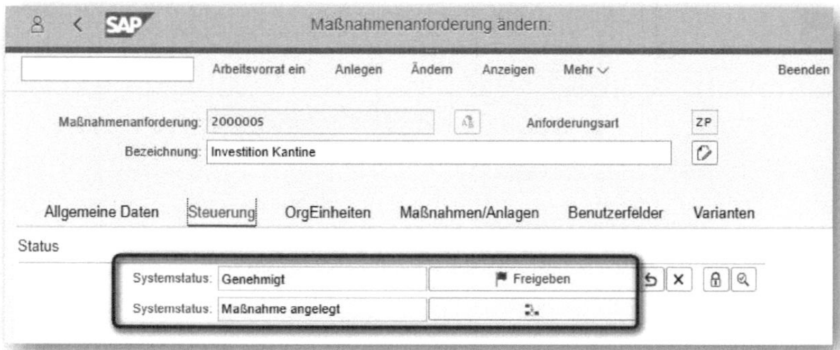

Abbildung 2.73: Maßnahmenanforderung – Status: Genehmigt

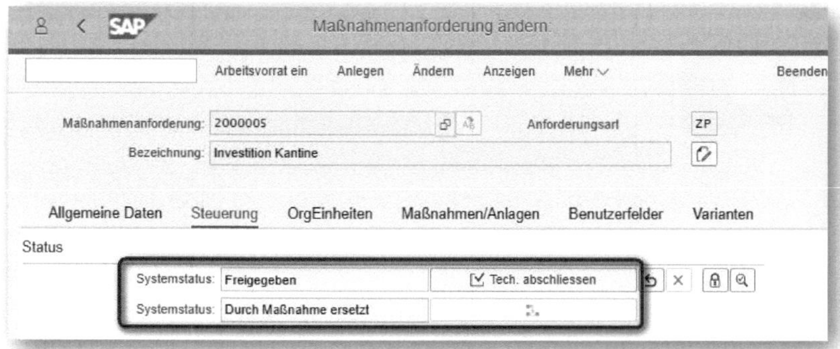

Abbildung 2.74: Maßnahmenanforderung – Status: Freigegeben

Abbildung 2.75 gibt Ihnen noch einen Überblick über diesen Genehmigungsprozess.

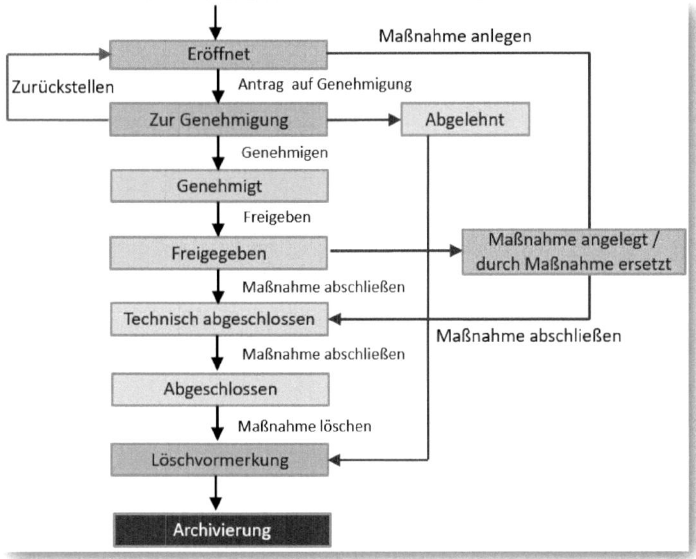

Abbildung 2.75: Maßnahmenanforderung – Genehmigungsprozess, Übersicht

Genehmigungsverfahren als Workflow

Das Genehmigungsverfahren kann auch über einen »Genehmigungsworkflow« abgebildet werden. Hierbei bekommen die Verantwortlichen die Maßnahmenanforderungen der ihnen zugeordneten Genehmigungsstufe als Workflow-Items in den persönlichen Office-Eingang und können dort ihre Genehmigungsentscheidung fällen. Die jeweils beteiligten Personen/Rollen ermittelt das System mithilfe der Partner-Stammdaten einer Maßnahmenanforderung. Um den Genehmigungsworkflow nutzen zu können, müssen Sie die Funktion im Customizing über INVESTITIONSMANAGEMENT • MAßNAHMENANFORDERUNG • GENEHMIGUNG • EREIGNISKOPPLUNG DER WORKFLOW-AUFGABE AKTIVIEREN (Transaktion *OITN*) aktivieren.

Genehmigungsworkflow und manuelle Genehmigung schließen sich aus!

Eine manuelle Genehmigung ist nicht mehr möglich, sobald für die betroffene Anforderungsart eine Genehmigungsstufe definiert und der Genehmigungsworkflow per Customizing aktiviert ist.

2.4.9 Erzeugen von Investitionsmaßnahmen

Sind die Ideen als Maßnahmenanforderungen angelegt, so können die zukünftigen Maßnahmen, wie in Abbildung 2.76 dargestellt, unter MAßNAHMEN/ANLAGEN • PROJEKT direkt aus der Anforderung heraus erzeugt werden.

Abbildung 2.76: Maßnahmenanforderung – Erzeugen der Maßnahme 1

Daraufhin öffnet sich die Maske zum Anlegen des Projekts bzw. des PSP-Elements (siehe Abbildung 2.77).

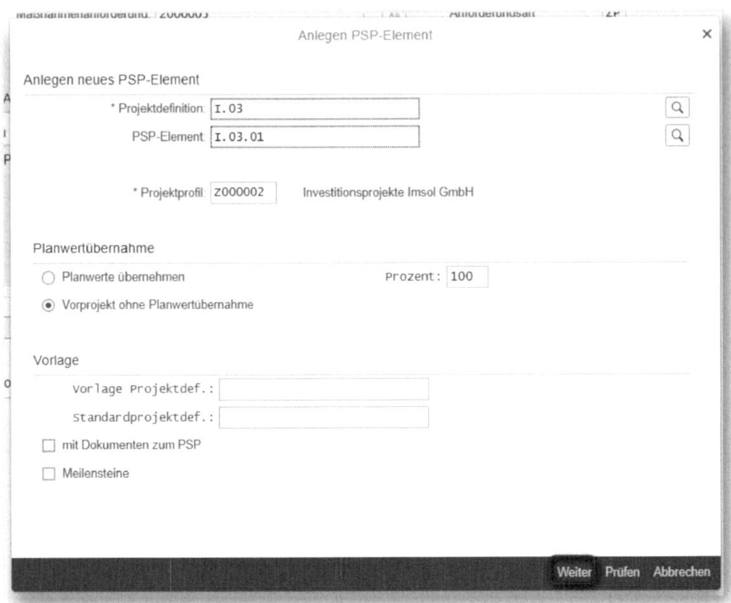

Abbildung 2.77: Maßnahmenanforderung – Erzeugen der Maßnahme 2

Hier geben Sie die spätere Investitionsmaßnahme ein. Das entsprechende PSP-Element wird beim erneuten Sichern der Maßnahmenanforderung angelegt (siehe Abbildung 2.78).

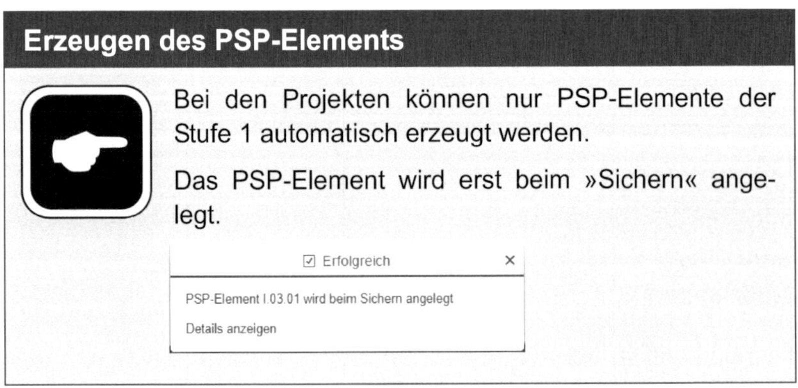

Erzeugen des PSP-Elements

Bei den Projekten können nur PSP-Elemente der Stufe 1 automatisch erzeugt werden.

Das PSP-Element wird erst beim »Sichern« angelegt.

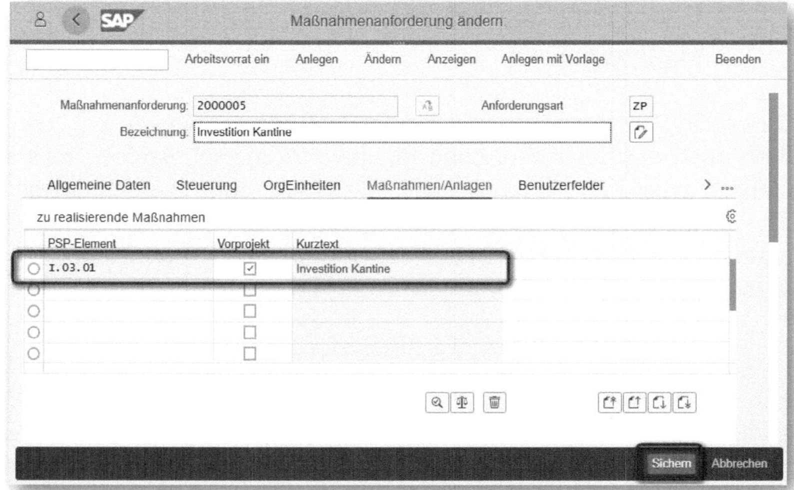

Abbildung 2.78: Maßnahmenanforderung – Erzeugen der Maßnahme 3

Das angelegte PSP-Element können Sie nun über den Menüpfad RECHNUNGSWESEN • PROJEKTSYSTEM • SPEZIELLE PFLEGEFUNKTIONEN • PROJEKTSTRUKTURPLAN • CJ02 ÄNDERN anpassen (siehe Abbildung 2.79).

Projekt ändern: PSP-Elementübersicht

Anderes Projekt Hierarchiegrafik Projektversion Expandieren Mehr Beenden

Projektdef: I.03 Investition Kantine

Grunddaten Termine Zuordnungen Zuständigkeiten Steuerung Gesamt

St...	PSP-Element	Bezeichnung	Kurzident.	Art	Pri	PV	Plan	Kont	Fakt	Systemstatus
1	I.03.01	Investition Kantine	I.03.01	IP		☐	☑	☐	☐	EROF
1				IP		☐	☐	☐	☐	
1				IP		☐	☐	☐	☐	
1				IP		☐	☐	☐	☐	
1				IP		☐	☐	☐	☐	
1				IP		☐	☐	☐	☐	

Sichern Abbrechen

Abbildung 2.79: Sicht im Projekt Transaktion CJ02

2.4.10 Übernahme der Anforderungsplanwerte auf die Maßnahme

Sollen die Planwerte nicht nur auf der Maßnahmenanforderung, sondern auch auf der eigentlichen Maßnahme gezeigt werden, so besteht zu jeder Zeit die Möglichkeit, wie in Abbildung 2.80 dargestellt, die Planwerte der Maßnahmenanforderung auf die Maßnahme zu übernehmen. Hierzu klicken Sie bitte auf das Icon PLANWERTE ÜBERNEHMEN.

Abbildung 2.80: Maßnahmenanforderung – Übernahme der Planwerte

ÜBER PROJEKTSYSTEM • CONTROLLING • PLANUNG • KOSTEN IM PSP • GESAMT KOSTEN • ÄNDERN (Transaktion *CJ40*) können Sie die übernommenen Planwerte auf dem PSP-Element überprüfen.

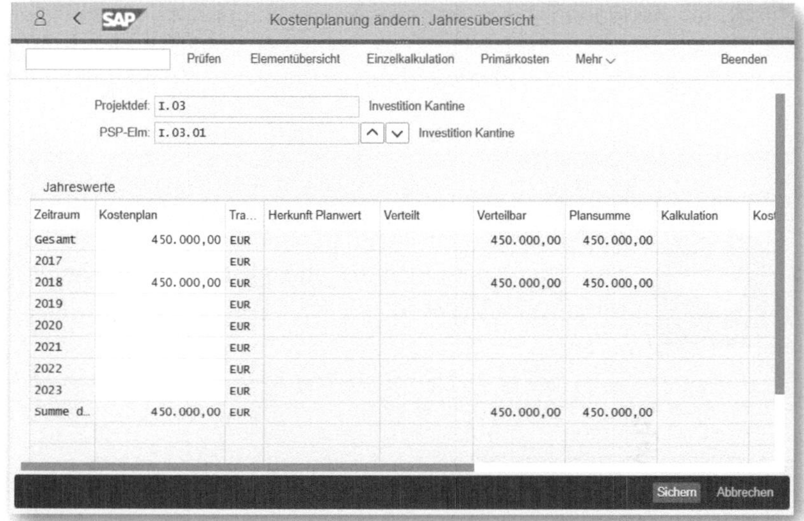

Abbildung 2.81: Prüfung der übernommenen Planwerte

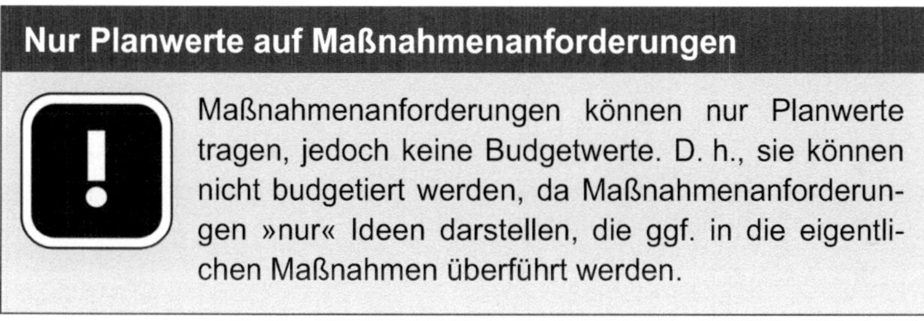

Nur Planwerte auf Maßnahmenanforderungen

Maßnahmenanforderungen können nur Planwerte tragen, jedoch keine Budgetwerte. D. h., sie können nicht budgetiert werden, da Maßnahmenanforderungen »nur« Ideen darstellen, die ggf. in die eigentlichen Maßnahmen überführt werden.

2.4.11 Ersetzen der Maßnahmenanforderung durch das Realisierungsobjekt

Sie können über das Customizing steuern, ob die ursprüngliche Maßnahmenanforderung nach der Genehmigungsstufe »Freigabe« noch in der Programmstruktur angezeigt werden soll oder allein die Darstellung der zugehörigen Maßnahme (Innenauftrag oder Top-PSP-Element) ausreicht. Wählen Sie die zweite Option, werden auch in den Auswertungen des Informationssystems nur noch die realisierten Maßnahmen angezeigt. Die entsprechende Customizing-Einstellung wird in der Anforderungsart hinterlegt (siehe Abschnitt 2.4.1).

Abbildung der Historie

In der realisierten Maßnahme kann man jederzeit in den Stammdaten die zugehörige Maßnahmenanforderung identifizieren.

2.5 Investitionsmaßnahmen

Wie schon in der Einleitung von Kapitel 2 erwähnt, ist die *Investitionsmaßnahme* (im Weiteren kurz: »Maßnahme«) keine eigene Objektart im SAP IM. Maßnahmen sind immer Objekte aus anderen Modulen. Folgende Maßnahmen/Objekte können verwendet werden:

- PSP-Element ⇨ PS
- CO-Innenauftrag ⇨ CO-OM
- Instandhaltungsauftrag ⇨ PM
- Anlage ⇨ FI-AA

In der weiteren Betrachtung der Maßnahmen konzentrieren wir uns auf die Projekte/PSP-Elemente und Innenaufträge, da diese in unserem Beispiel-Unternehmen, der Imsol GmbH, zum Einsatz kommen.

Die Maßnahmen können als Kostensammler sowohl für Investitionen als auch für Aufwände genutzt werden. Im ersten Fall muss unterschieden werden, ob die Maßnahmen im Zusammenhang mit SAP IM oder alleinstehend eingesetzt werden sollen.

In beiden Fällen lassen sich Budgets zuordnen, Anlagen im Bau (AiBs) automatisch erzeugen und Verfügbarkeitskontrollen aktivieren.

Werden die Projekte ohne das SAP IM genutzt, so können diese dennoch für die Investitionsabwicklung eingesetzt werden. In diesem Fall wird jede Maßnahme einzeln betrachtet und trägt ihr eigenes Budget. Es besteht kein Budget-Zusammenhang zwischen den einzelnen Maßnahmen und einem Gesamtbudget.

2.5.1 Planprofil

Planprofil – Maßnahme Innenauftrag

Ähnlich wie im Modul SAP Investitionsmanagement (Investitionsprogrammpositionen und Maßnahmenanforderungen) muss auch den Maßnahmen ein eigenes *Planprofil* zugeordnet werden. Die Zuordnung erfolgt in Abhängigkeit vom Objekttyp.

Bei *Innenaufträgen* rufen Sie dazu bitte folgenden Customizingpfad auf (siehe Abbildung 2.82): INVESTITIONSMANAGEMENT • INNENAUFTRÄGE ALS INVESTITIONSMAßNAHME • PLANUNG UND BUDGETIERUNG • PLANPROFILE PFLEGEN.

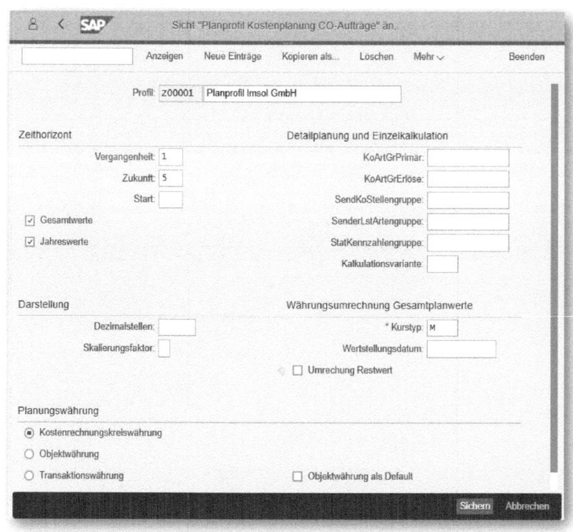

Abbildung 2.82: Planprofil Aufträge – Einstellungen

Dieses Planprofil gibt unter anderem an, ob in Jahres- oder Gesamtwerten geplant wird. Außerdem wird der im SAP angezeigte Planungshorizont festgelegt. Für die Imsol GmbH ist dies ein Jahr in die Vergangenheit und fünf Jahre in die Zukunft. Die Zuordnung des Planprofils erfolgt über die Auftragsart.

Planprofil – Maßnahme PSP-Element

Zur Einrichtung des Planprofils bei *PSP-Elementen* gemäß Abbildung 2.83 rufen Sie bitte folgenden Customizingpfad auf: INVESTITIONSMANAGEMENT • PROJEKTE ALS INVESTITIONSMAßNAHME • PLANUNG UND BUDGETIERUNG • PLANPROFILE PFLEGEN. Hier erfolgt die Zuordnung des Planprofils über das Projektprofil.

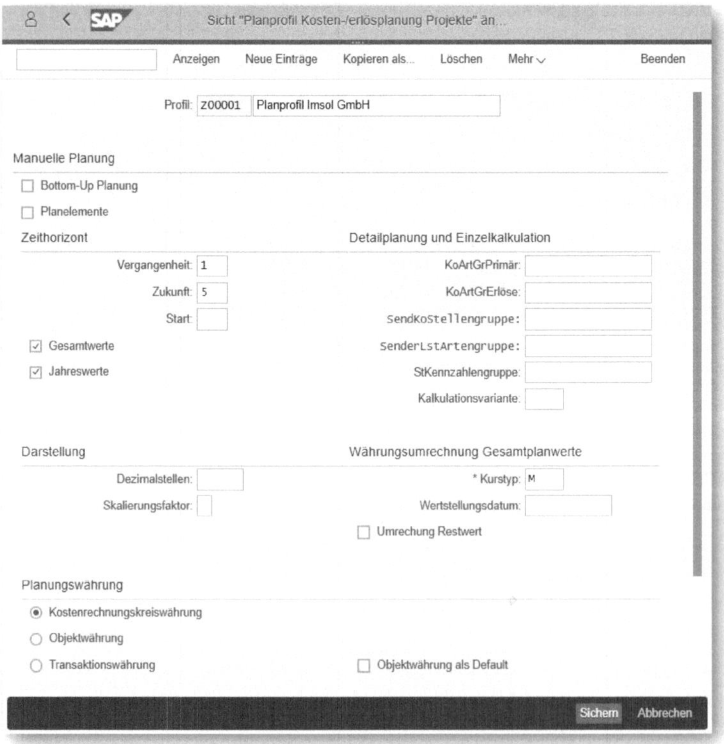

Abbildung 2.83: Planprofil Projekte – Einstellungen

Zusätzlich zum Planprofil der Aufträge können beim Projekt noch Customizingparameter zur

- manuellen Planung,
- Detailplanung und Einzelkalkulation sowie
- automatischen Erlösplanung

hinterlegt werden.

Zeithorizont beachten

Egal, ob Innenauftrag oder Projekt: Um eine Integration (das später noch zu erklärende *Hochrollen*) zu gewährleisten, sollte das Planprofil die gleichen Ausprägungen beim ZEITHORIZONT (dargestellte Jahre der Vergangenheit und dargestellte Jahre der Zukunft) beinhalten wie das des Investitionsprogramms.

2.5.2 Budgetprofil

Vergleichbar zum Planprofil muss den Maßnahmen ein *Budgetprofil* zugeordnet werden. Und auch hier gibt es wieder Gemeinsamkeiten mit den Budgetprofilen im Investitionsmanagement (Investitionsprogrammpositionen und Maßnahmenanforderungen).

Zur Pflege des Budgetprofils der Maßnahme Innenauftrag rufen Sie bitte folgenden Customizingpfad auf (siehe Abbildung 2.84): INVESTITIONSMANAGEMENT • INNENAUFTRÄGE ALS INVESTITIONSMAßNAHME • PLANUNG UND BUDGETIERUNG • BUDGETPROFILE PFLEGEN.

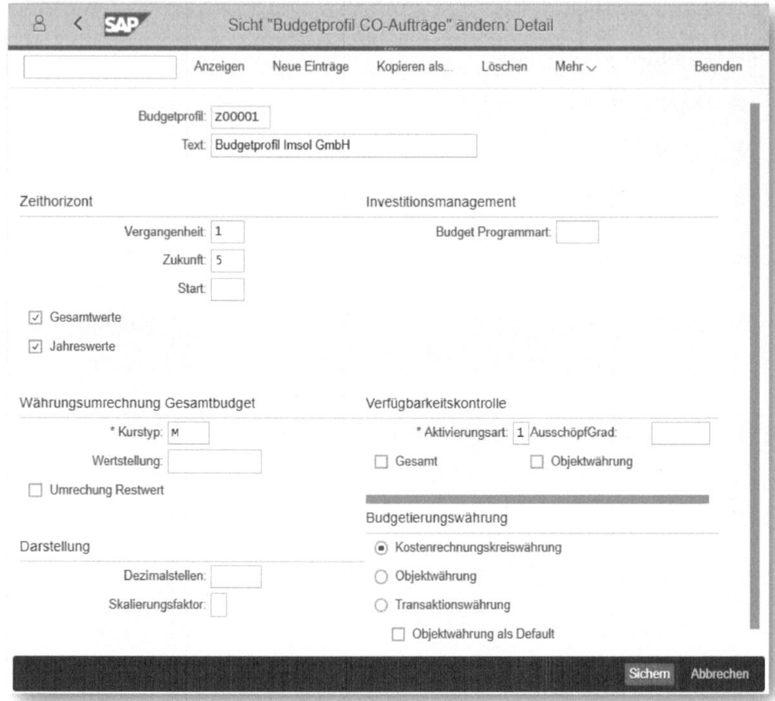

Abbildung 2.84: Budgetprofil Aufträge – Einstellungen

Als Besonderheit können Sie hier Angaben zur Verfügbarkeitskontrolle hinterlegen. Diese Funktion werde ich Ihnen im Abschnitt 3.2.5 näher erläutern.

Die Zuordnung des Budgetprofils erfolgt, ebenso wie die des entsprechenden Planprofils, über die Auftragsart. Zur Einrichtung des Budgetprofils bei PSP-Elementen rufen Sie bitte folgenden Customizingpfad auf (siehe Abbildung 2.85): INVESTITIONSMANAGEMENT • PROJEKTE ALS INVESTITIONSMAßNAHME • PLANUNG UND BUDGETIERUNG • BUDGETPROFILE PFLEGEN.

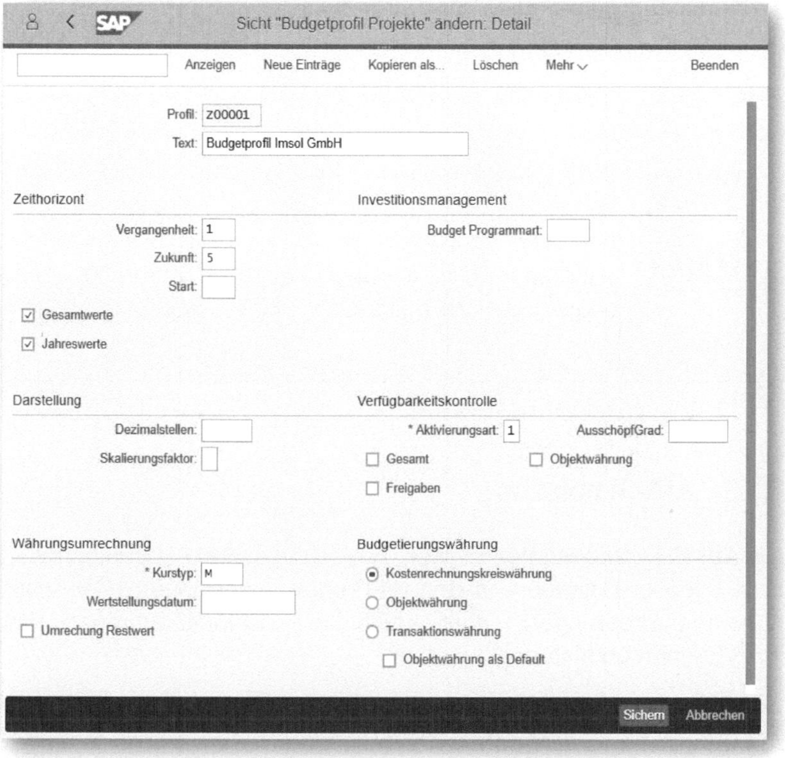

Abbildung 2.85: Budgetprofil Projekte – Einstellungen

Die Einstellungen im Budgetprofil entsprechen denen des Budgetprofils für Aufträge.

Verfügbarkeit gegen Freigaben

Zusätzlich lässt sich bei Projekten die Verfügbarkeit gegen die sogenannten *Freigaben*, d. h. ein gesondert freigegebenes Teilbudget des Budgets einstellen. Dadurch kann eine Teilmenge gesondert kontrolliert werden.

Auch die Zuordnung des Budgetprofils erfolgt bei PSP-Elementen über das Projektprofil.

Praxistipp Zeithorizont im Budgetprofil

Beim Budgetprofil für Innenaufträge und Projekte sollten die gleichen Ausprägungen beim Zeithorizont hinterlegt sein wie beim Budgetprofil des Investitionsprogramms, um auch hier eine Integration (die später noch zu erklärende *Budgetverteilung*) zu gewährleisten.

2.5.3 AfA-Simulation

Die AfA-Simulationsdaten können, wie schon in den Abschnitten 2.3.3 bzw. 2.4.6 beschrieben, in den IM-Programmpositionen oder -Maßnahmenanforderungen, aber auch in CO-Innenaufträgen und PSP-Elementen hinterlegt werden.

AfA-Simulation – Maßnahme Innenauftrag

Die Parameter zur AfA-Simulation werden bei den CO-Innenaufträgen in der Transaktion *KO02* unter INVESTITIONEN • AFA-SIMULATIONSDATEN hinterlegt (siehe Abbildung 2.86).

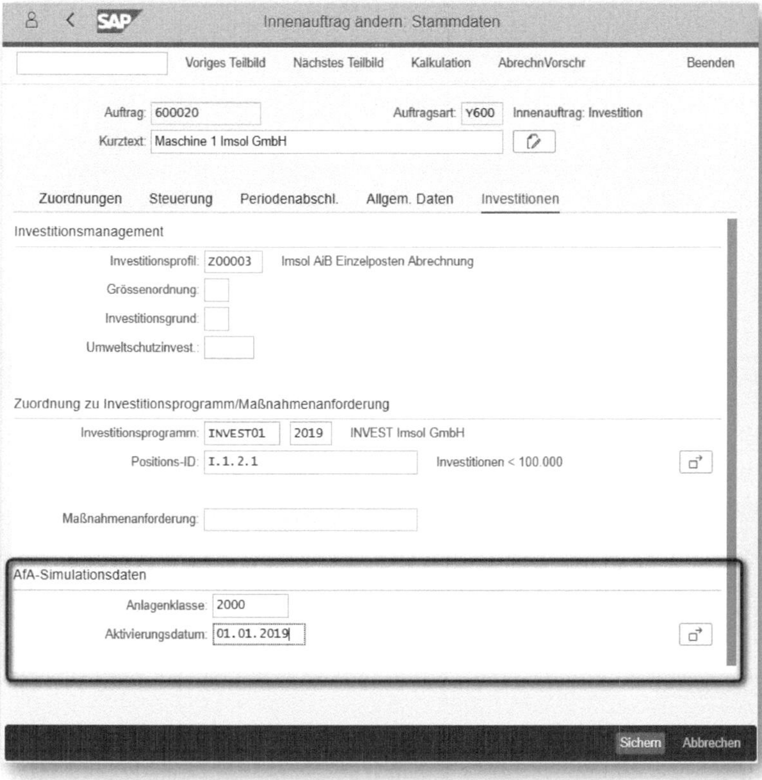

Abbildung 2.86: Innenauftrag – AfA-Simulation

AfA-Simulation – Maßnahme PSP-Element

Bei den PSP-Elementen werden die Parameter zur AfA-Simulation, wie in Abbildung 2.87 dargestellt, in der Transaktion *CJ02* über ZUSÄTZE • AFA-SIMULATIONSDATEN hinterlegt.

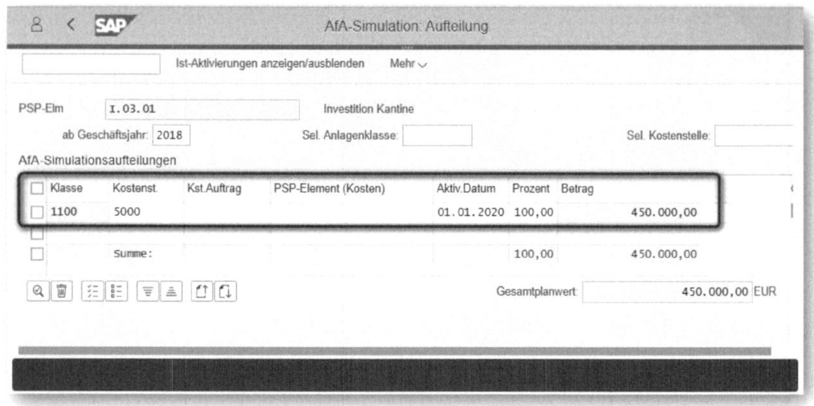

Abbildung 2.87: PSP-Element – AfA-Simulation

AfA-Simulation – Anlagenklasse als Vorschlagswert

Planen Sie, die AfA-Simulation auf einer bestimmten Anlagenklasse auszuführen, so sollte diese Anlagenklasse als Vorschlagswert im Investitionsprofil hinterlegt werden.

2.6 Berechtigungsobjekte des IM

Um neben der organisatorischen Abwicklung im Unternehmen auch eine systemunterstützte Abwicklung hinsichtlich »wer darf was im System durchführen« zu gewährleisten, kann das Investitionsmanagement über die in Tabelle 2.6 aufgeführten *Berechtigungsobjekte* gesteuert werden.

Bezeichnung	Objekt
Anforderungsart für Maßnahmenanforderungen	A_IMA_ART
Buchungskreise für Maßnahmenanforderungen	A_IMA_BUK
Geschäftsbereiche für Maßnahmenanforderungen	A_IMA_GSB

Bezeichnung	Objekt
Kostenrechnungskreise für Maßnahmenanforderungen	A_IMA_KOK
Anwenderstatus von Maßnahmenanforderungen	A_IMA_MSTA
Maßnahmenanforderungen anfordernder Verantwortungsbereich	A_IMA_REQU
Maßnahmenanforderung verantwortlicher Verantwortungsbereich	A_IMA_RESP
Anwenderstatus von Varianten von Maßnahmenanforderungen	A_IMA_VSTA
Genehmigungsstufe für Versionen (Programmplanung)	A_IMPR_APS
Buchungskreise für Investitionsprogrammpositionen	A_IMPR_BUK
Geschäftsbereiche für Investitionsprogrammpositionen	A_IMPR_GSB
Kostenrechnungskreise für Investitionsprogrammpositionen	A_IMPR_KOK
Profit-Center für Investitionsprogrammpositionen	A_IMPR_PRC
Verantwortliche für Investitionsprogrammpositionen	A_IMPR_VER
Programmart für Investitionsprogramme	A_IMTP_ART
Systemaktivitäten für Programmarten	A_IMTP_SYS

Tabelle 2.6: Berechtigungsobjekte des IM

Berechtigungsobjekt

Um zu gewährleisten, dass bestimmte Personen bzw. Personengruppen nur ausgewählte Maßnahmen bearbeiten dürfen, nutzen Sie am besten das Objekt A_IMPR_VER – Verantwortliche für Investitionsprogrammpositionen.

Nachdem Sie in diesem Abschnitt die Objekte des SAP-Investitionsmanagements (siehe Abbildung 2.88) kennengelernt und analysiert haben, werden wir im nächsten Kapitel die Themen »Planung« und »Budgetierung« näher betrachten.

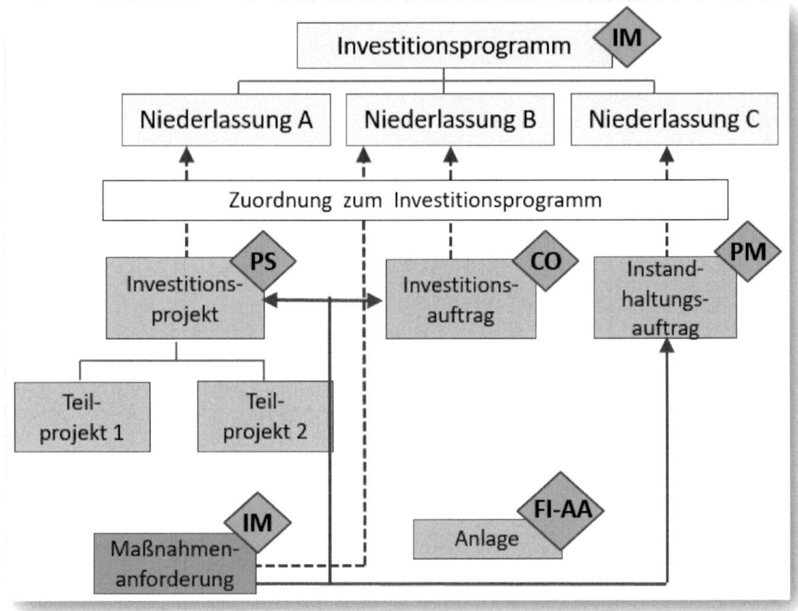

Abbildung 2.88: IM – Objekte des SAP-Investitionsmanagements

3 Planung und Budgetierung

In diesem Kapitel möchte ich Ihnen vermitteln, was Sie im Rahmen der Planung und Budgetierung bis hin zur Verfügbarkeitskontrolle beachten sollten. Am Ende gehe ich näher auf die Integration der Funktionen im SAP-System ein.

3.1 Planung

Die *Planung* im Rahmen des Investitionsmanagements kann auf der IM-Programmposition oder auf Maßnahmenanforderungen bzw. den Maßnahmen (CO-Innenaufträge oder PSP-Elemente) erfolgen. Entscheidend für die Wahl des passenden Objekts ist der Sachstand zum Zeitpunkt der Planung.

- Soll nur der Wert ohne Bezug zu einer konkreten Maßnahme oder Idee geplant werden, so erfolgt die Planung auf der IM-Programmposition.
- Sind zum Zeitpunkt der Planung die »Ideen« schon bekannt, können diese in Form der Maßnahmenanforderung beplant werden.
- Stehen zum Zeitpunkt der Planung schon die konkreten Maßnahmen fest, so können diese in Form von PSP-Elementen und/oder CO-Innenaufträgen beplant werden.

Treffen mehrere der genannten Sachstände zum Zeitpunkt der Planung zu, so ist auch ein Planungsmix aus allen dargestellten Formen denkbar.

Im Folgenden betrachten wir die Planung der einzelnen Objekte.

3.1.1 Planung von IM-Programmpositionen

Die Planung von IM-Programmpositionen wird über die Transaktion *IM35* realisiert: RECHNUNGSWESEN • FINANZWESEN • INVESTITIONSMANAGEMENT • PROGRAMME • PROGRAMMPLANUNG (siehe Abbildung 3.1).

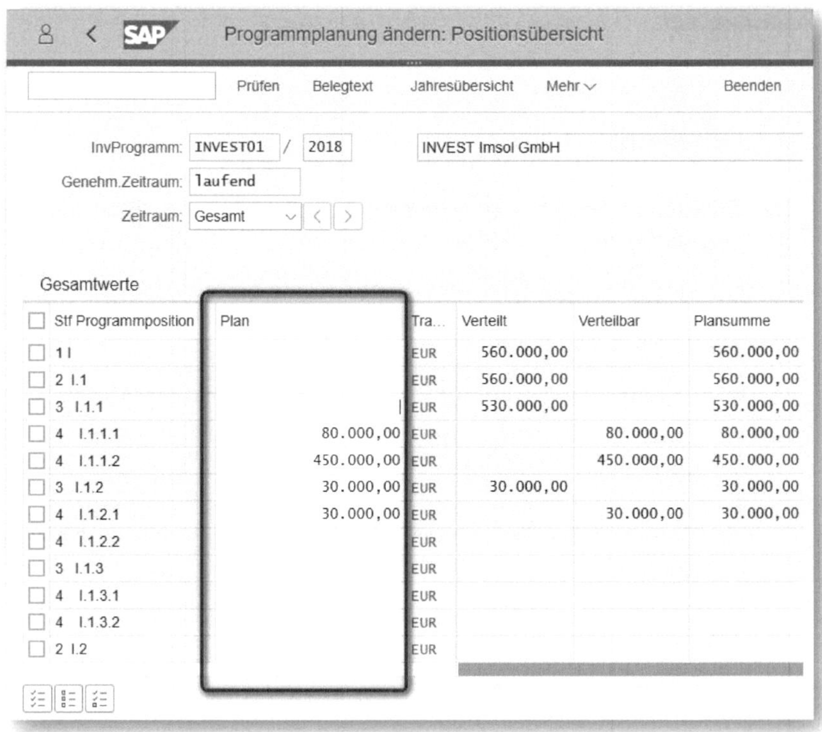

Abbildung 3.1: Planung von IM-Programmpositionen

Über die Schaltfläche Prüfen können Sie ihre Planung kontrollieren lassen. Wie Abbildung 3.2 zeigt, wird in unserem Beispiel an dieser Stelle eine Fehlermeldung ausgegeben.

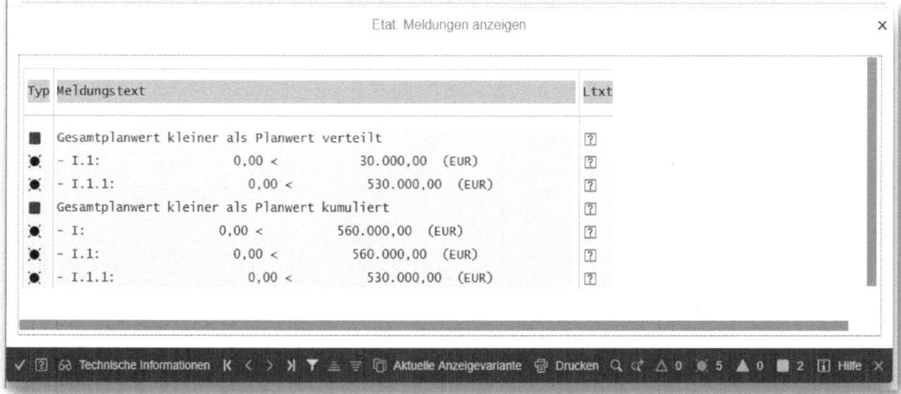

Abbildung 3.2: Planung von IM-Programmpositionen – Fehlermeldung

Fehlermeldungen sehen oft zunächst kryptisch aus, sind aber bei näherer Betrachtung sehr aussagekräftig.

Unsere Fehlermeldung weist darauf hin, dass der Gesamtplanwert noch fehlerhaft ist. In Abbildung 3.1 ist zu erkennen, dass auf den Programmpositionen in den Stufen 1, 2 und 3 keine Planwerte eingetragen sind. Den Gesamtplanwert können Sie entweder in den entsprechenden Zeilen manuell eingeben oder durch das System ermitteln und schreiben lassen.

Eine systeminterne Ermittlung erfolgt über die Auswahl BEARBEITEN • HOCHSUMMIEREN • GESAMTWERTE. Daraufhin erhalten Sie die in Abbildung 3.3 dargestellte Übersicht.

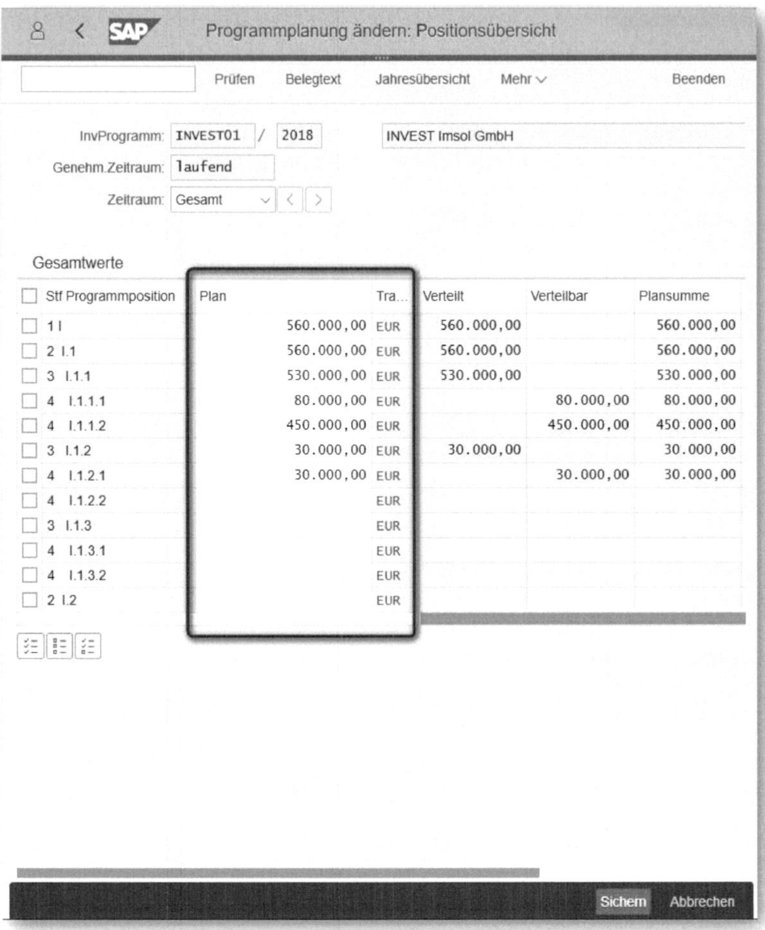

Abbildung 3.3: Planung von IM-Programmpositionen mit Gesamtplanwert

Neben der Planung der Gesamtwerte ist auch eine Planung der Jahresscheiben vorzunehmen. Diese erfolgt mit derselben Transaktion *IM35*, jedoch muss hier zusätzlich der gewünschte ZEITRAUM ausgewählt werden (siehe Abbildung 3.4).

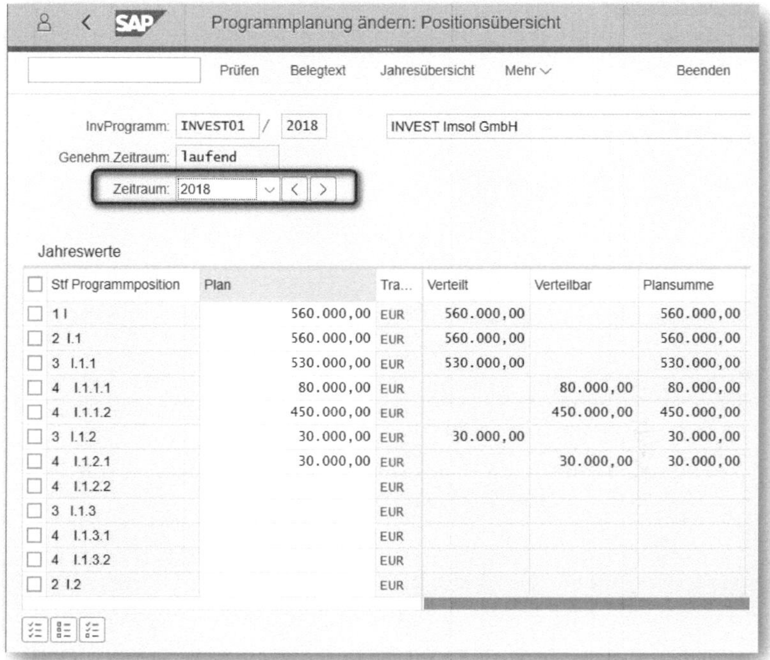

Abbildung 3.4: Planung von IM-Programmpositionen mit Jahressicht

Nur wenn die Summe aller Jahresplanungen auf den einzelnen IM-Programmpositionen dem Gesamtplanwert auf allen Positionen entspricht, ist die Prüfung fehlerfrei.

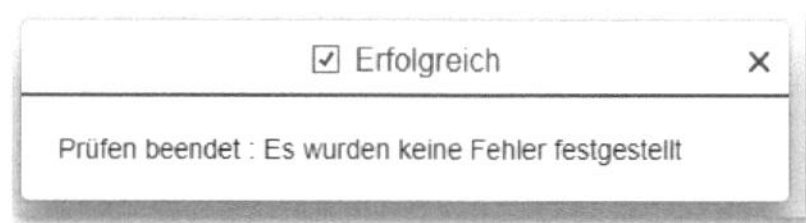

Abbildung 3.5: Prüfung ohne Fehler beendet

Im nächsten Schritt soll nun diese Planung im Bericht dargestellt werden. Hierzu rufen Sie den Bericht S_ALR_87012806 (Allgemeine Werteliste) wie folgt auf: INVESTITIONSMANAGEMENT • PROGRAMME • INFOSYSTEM • BERICHTE ZUM INVESTITIONSMANAGEMENT • PROGRAMME AKTUELLE DATEN • ALLGEMEINE STRUKTUR- UND WERTELISTE • S_ALR_87012806 ALLGEMEINE WERTELISTE (siehe Abbildung 3.6).

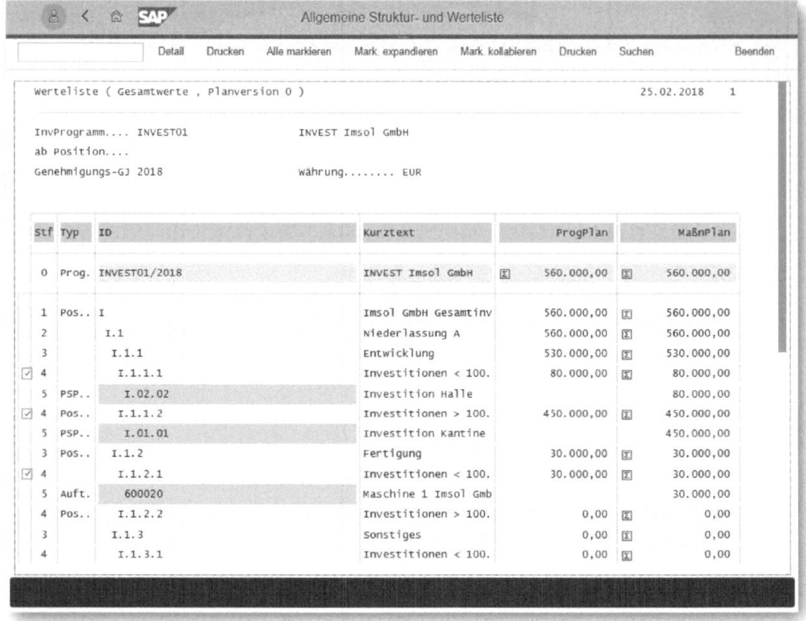

Abbildung 3.6: Bericht S_ALR_87012806 (Allgemeine Struktur- und Werteliste)

3.1.2 Planung von Maßnahmenanforderungen

Die Planung von Maßnahmenanforderungen erfolgt entsprechend der Beschreibung im Abschnitt 2.4.6. Die dazu benötigte Transaktion *IMA11* rufen Sie über RECHNUNGSWESEN • INVESTITIONSMANAGEMENT • MAßNAHMENANFORDERUNGEN • ANFORDERUNGEN BEARBEITEN auf.

Auch die bereits geplanten Maßnahmenanforderungen lassen sich im Bericht S_ALR_87012806 darstellen (siehe Abbildung 3.7).

Abbildung 3.7: Bericht S_ALR_87012806 – Geplante Maßnahmenanforderungen

3.1.3 Planung von Maßnahmen/PSP-Elementen

Eine dritte Möglichkeit ist die Planung direkt auf der jeweiligen Investitionsmaßnahme. Dies setzt voraus, dass die einzelnen Maßnahmen zum Zeitpunkt der Planung bereits feststehen und im SAP-System eingerichtet sind. Die Planung der PSP-Elemente erfolgt über die Transaktion *CJ40*, oder Sie folgen dem Menüpfad RECHNUNGSWESEN • PROJEKTSYSTEM • CONTROLLING • PLANUNG • KOSTEN IM PSP • GESAMT • CJ40 ÄNDERN.

Auch hier sind, wie in Abbildung 3.8 gezeigt, jeweils der GESAMTWERT sowie die JAHRESWERTE zu planen.

Abbildung 3.8: PSP-Planung CJ40

Die geplanten Maßnahmen lassen sich wiederum im Bericht S_ALR_87012806 darstellen (siehe Abbildung 3.9).

Neben der Strukturplanung kann auch die Kostenartenplanung in das SAP IM integriert werden.

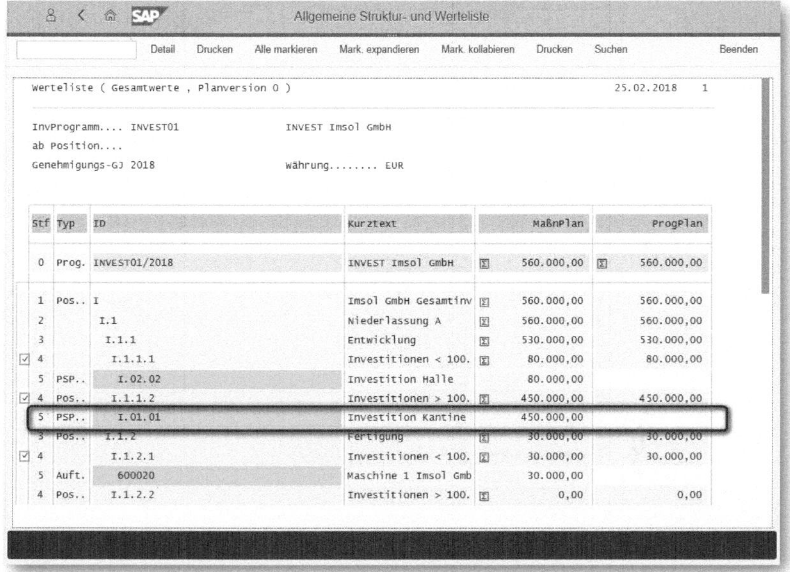

Abbildung 3.9: Bericht S_ALR_87012806 – Geplante Maßnahmen

3.1.4 Planung von Maßnahmen/CO-Innenaufträgen

Die Gesamtplanung der Innenaufträge erfolgt über die Transaktion *KO12* bzw. über den Pfad RECHNUNGSWESEN • CONTROLLING • INNENAUFTRÄGE • PLANUNG • GESAMT • KO12 ÄNDERN.

Wie schon bei den anderen Planungsarten, sind auch hier jeweils der Gesamtwert und die Jahresplanwerte einzutragen. Abbildung 3.10 zeigt dies an einem Beispiel der Imsol GmbH, die im Jahr *2018* für eine Maschine *30.000 Euro* investieren will.

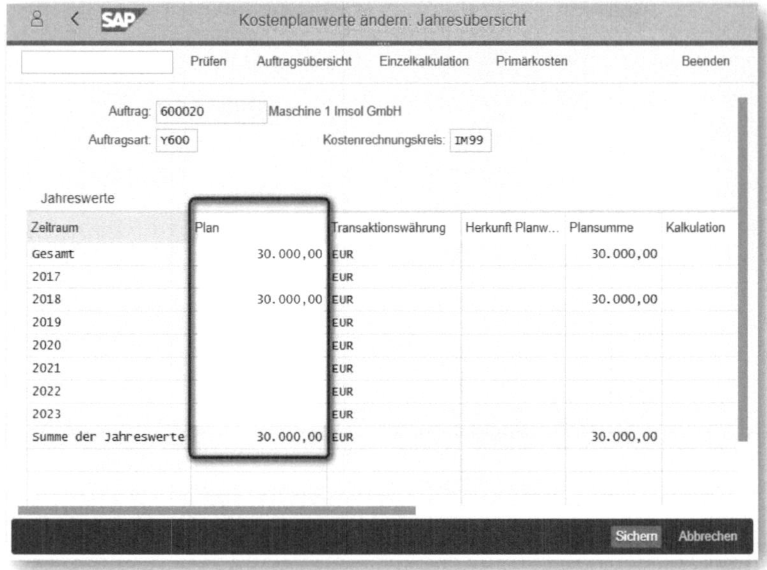

Abbildung 3.10: Innenauftrag – Planung KO12

3.1.5 Integration der Planungen in das SAP IM

Sie können die Planung auf Investitionsprogrammpositionen, Maßnahmenanforderungen und Maßnahmen (PSP-Elemente/Aufträge) parallel anwenden.

Sind unterschiedliche Planungsformen im Einsatz, so können die Planwerte in einem Arbeitsschritt auf die IM-Programmposition »hochgerollt« werden. Mit Transaktion *IM34* bietet SAP die Möglichkeit, über RECHNUNGSWESEN • INVESTITIONSMANAGEMENT • PROGRAMME • PROGRAMMPLANUNG • IM34 VORSCHLAG PLAN die Planwerte auf den Programmpositionen zu generieren (siehe Abbildung 3.11). Das bedeutet, dass SAP alle auf den Objekten zu einer Programmposition eingetragenen Planwerte kumuliert an das Modul SAP Investitionsmanagement »durchreicht« und als Summe auf den einzelnen Programmpositionen auf Jahresebene sowie auf Gesamtebene darstellt.

Gleichzeitig werden diese Werte innerhalb der Programmstruktur bis auf die oberste Programmebene/Stufe kumuliert bzw. aufsummiert.

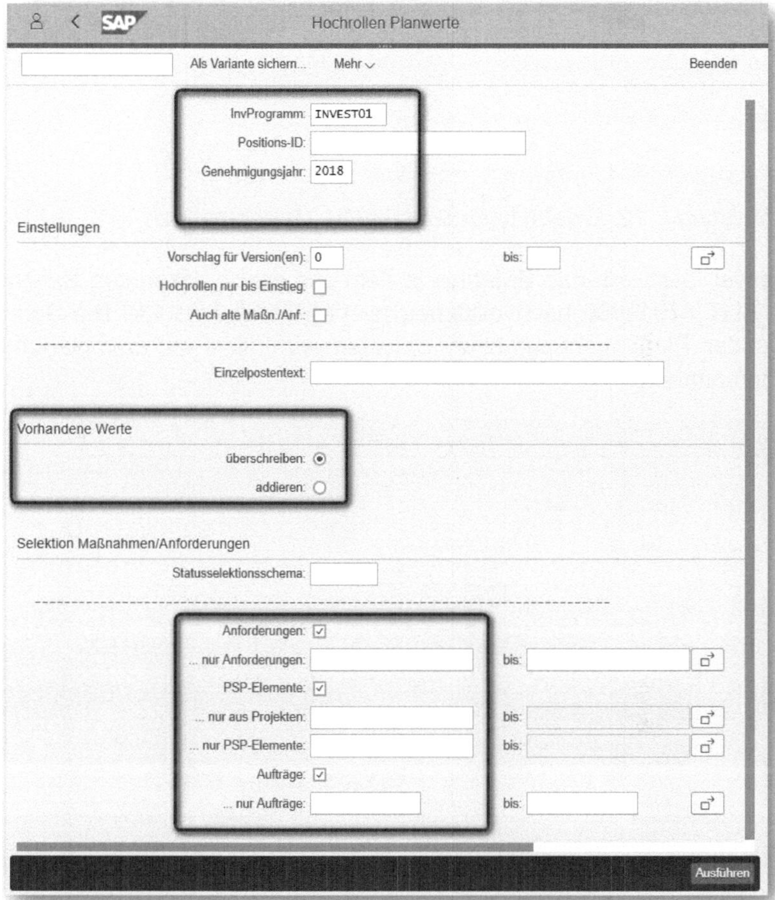

Abbildung 3.11: Eingabemaske IM34 – Vorschlag Plan

Leider ist das Ergebnisprotokoll, wie in Abbildung 3.12 aufgeführt, nicht sehr detailliert und gibt nur Auskunft über Erfolg oder Misserfolg des Hochladens.

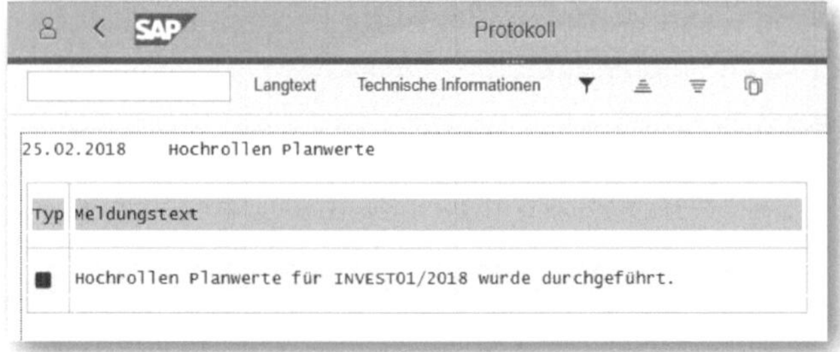

Abbildung 3.12: Ergebnisprotokoll IM34 – Vorschlag Plan

Besser lässt sich das Ergebnis in dem uns schon bekannten Bericht S_ALR_87012806 nachvollziehen (siehe Abbildung 3.13). Die Summe der Planungen auf allen Objekten wird als Programmplanung übernommen.

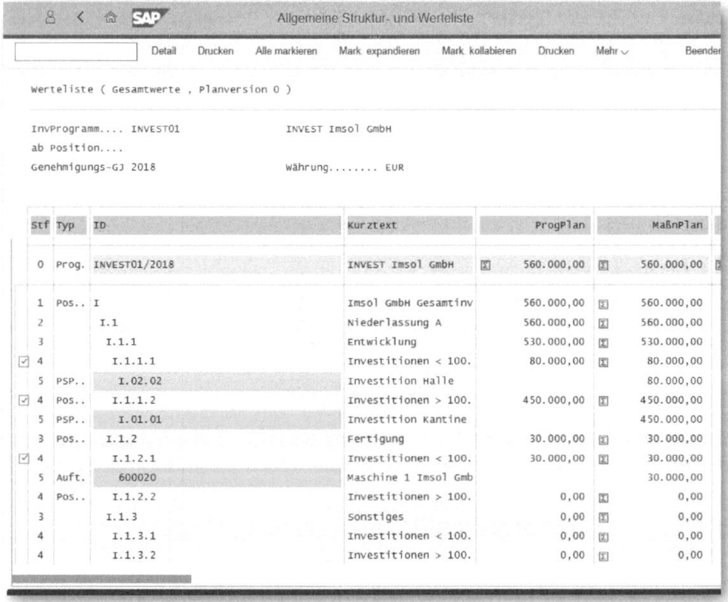

Abbildung 3.13: Bericht S_ALR_87012806 – Sicht »Programmplan«

Im nächsten Abschnitt schauen wir uns an, wie wir aus der Planung die Budgetierung erstellen.

3.2 Budgetierung

Die *Budgetierung* im Rahmen des Investitionsmanagements kann auf der IM-Programmposition manuell oder integriert als Übernahme der Programmplanungen erfolgen.

3.2.1 Manuelle Budgetierung

Die manuelle Budgetierung erfolgt über den Pfad RECHNUNGSWESEN • INVESTITIONSMANAGEMENT • PROGRAMME • BUDGETIERUNG • IM32 ORIGINALBUDGET BEARBEITEN bzw. mittels der Transaktion *IM32*.

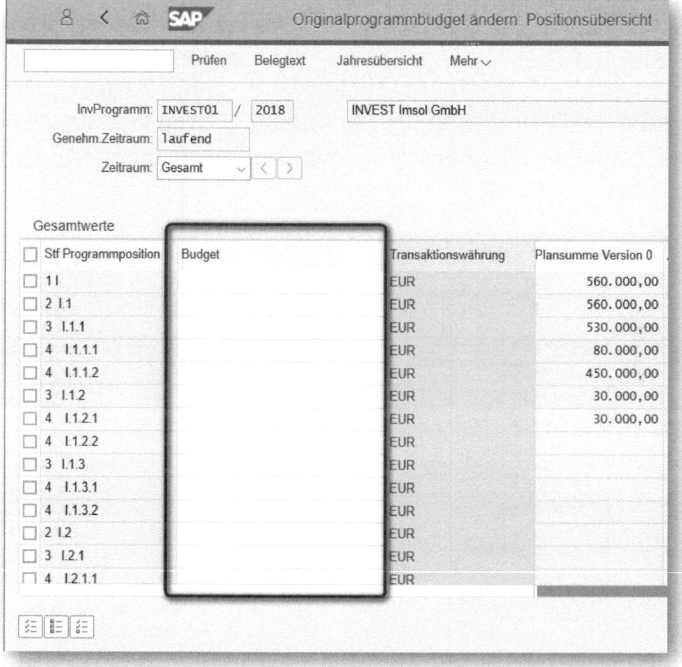

Abbildung 3.14: Eingabemaske IM32 – Originalbudget bearbeiten

In der Eingabemaske gemäß Abbildung 3.14 werden, entsprechend der Programmplanung, die Gesamt- und Jahreswerte hinterlegt.

Programmplan kopieren

Es ist einfacher, die Programmplanung zunächst zu 100 % in die Budgetplanung zu kopieren und erst im Nachgang die Werte, die von der Planung abweichen und im Budget ggf. nicht bestätigt wurden, zu korrigieren.

3.2.2 Budgetierung durch Übernahme der Planwerte

Eine andere Möglichkeit der Hinterlegung von Budgetwerten ist, die Planwerte automatisch als Budgetwerte zu übernehmen. Hierzu steht die Transaktion *IMCCP1* zur Verfügung, die Sie wie folgt aufrufen: RECHNUNGSWESEN • INVESTITIONSMANAGEMENT • PROGRAMME • UMFELD • WERKZEUGE • PLAN/BUDGET ÜBERNEHMEN • ÜBERNAHME PLAN NACH BUDGET FÜR INVESTITIONSPROGRAMME (siehe Abbildung 3.15 und Abbildung 3.16).

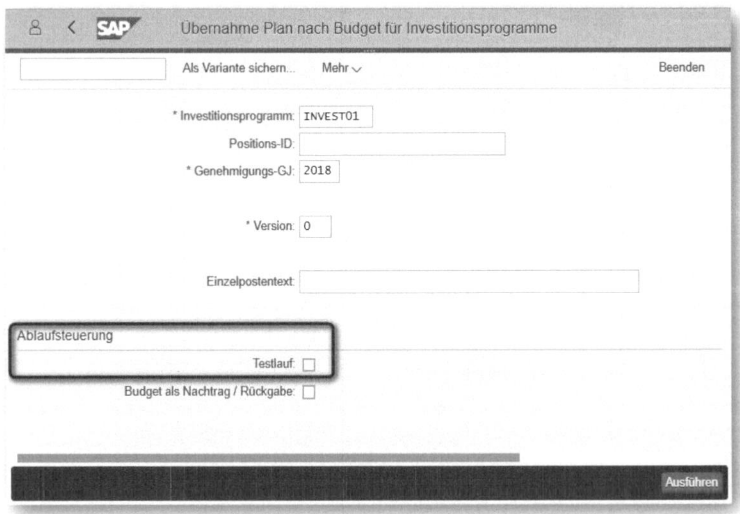

Abbildung 3.15: Selektionsmaske IMCCP1 – Übernahme Plan nach Budget

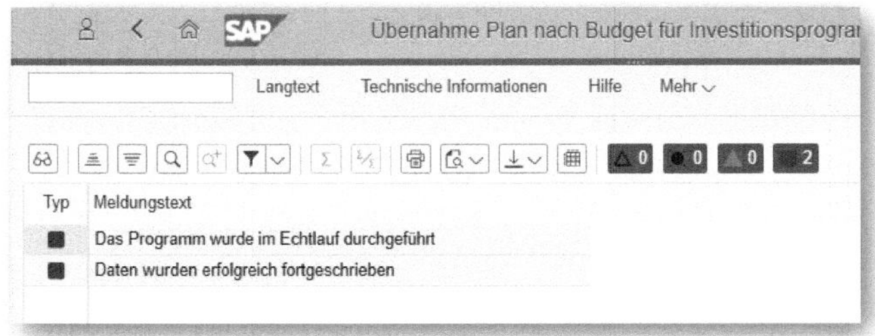

Abbildung 3.16: Selektionsmaske IMCCP1 – Übernahme Plan nach Budget: Protokoll

Das Ergebnis dieser Transaktion kann durch Aufrufen der Transaktion *IM33* (Originalbudget anzeigen) oder des uns schon bekannten Reports S_ALR_87012806 ausgewertet werden. Es stehen nun im SAP IM, wie Abbildung 3.17 zeigt, der PROGRAMMPLAN und das PROGRAMMBUDGET zur Verfügung.

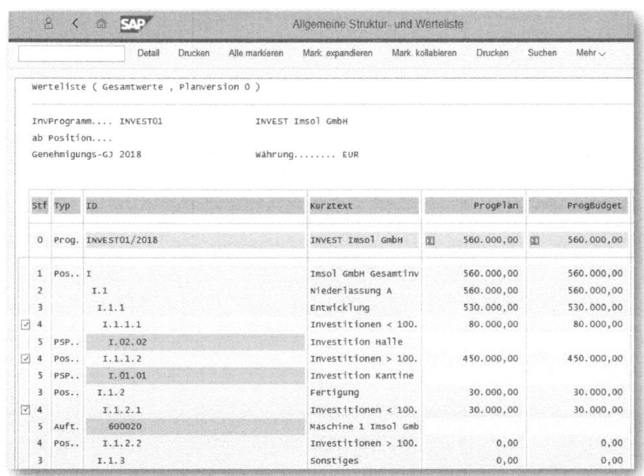

Stf	Typ	ID	Kurztext	ProgPlan	ProgBudget
0	Prog.	INVEST01/2018	INVEST Imsol GmbH	560.000,00	560.000,00
1	Pos..	I	Imsol GmbH Gesamtinv	560.000,00	560.000,00
2		I.1	Niederlassung A	560.000,00	560.000,00
3		I.1.1	Entwicklung	530.000,00	530.000,00
4		I.1.1.1	Investitionen < 100.	80.000,00	80.000,00
5	PSP..	I.02.02	Investition Halle		
4	Pos..	I.1.1.2	Investitionen > 100.	450.000,00	450.000,00
5	PSP..	I.01.01	Investition Kantine		
3	Pos..	I.1.2	Fertigung	30.000,00	30.000,00
4		I.1.2.1	Investitionen < 100.	30.000,00	30.000,00
5	Auft.	600020	Maschine 1 Imsol Gmb		
4	Pos..	I.1.2.2	Investitionen > 100.	0,00	0,00
3		I.1.3	Sonstiges	0,00	0,00

Abbildung 3.17: Bericht S_ALR_87012806 – Sicht »Programmbudget«

3.2.3 Budgetverteilung auf Maßnahmen – manuell

Als nächster Schritt der Budgetierung fehlt nun noch die weitere Verteilung des Programm-Budgets auf die einzelnen, bereits vorhandenen Investitionsmaßnahmen (PSP-Elemente bzw. Innenaufträge) mit der Transaktion *IM52* (Budgetverteilung). Die manuelle Eingabe der Daten für die *Budgetverteilung* erfolgt durch Hinterlegung der Werte in der entsprechenden Eingabemaske (siehe Abbildung 3.18).

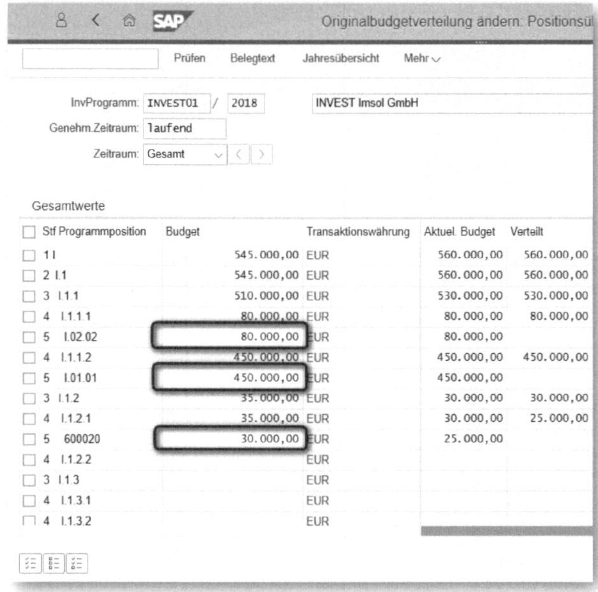

Stf	Programmposition	Budget	Transaktionswährung	Aktuel. Budget	Verteilt
1	I	545.000,00	EUR	560.000,00	560.000,00
2	I.1	545.000,00	EUR	560.000,00	560.000,00
3	I.1.1	510.000,00	EUR	530.000,00	530.000,00
4	I.1.1.1	80.000,00	EUR	80.000,00	80.000,00
5	I.02.02	80.000,00	EUR	80.000,00	
4	I.1.1.2	450.000,00	EUR	450.000,00	450.000,00
5	I.01.01	450.000,00	EUR	450.000,00	
3	I.1.2	35.000,00	EUR	30.000,00	30.000,00
4	I.1.2.1	35.000,00	EUR	30.000,00	25.000,00
5	600020	30.000,00	EUR	25.000,00	
4	I.1.2.2		EUR		
3	I.1.3		EUR		
4	I.1.3.1		EUR		
4	I.1.3.2		EUR		

Abbildung 3.18: Eingabemaske IM52 – manuelle Budgetverteilung

In dieser Eingabemaske sind nur die Felder der dem SAP IM zugeordneten Investitionsmaßnahmen eingabebereit. Auch hier beachten Sie bitte, dass Gesamt- und Jahreswerte gepflegt werden müssen.

Zeitpunkt der Budgetverteilung

Die Budgetverteilung erfolgt immer dann, wenn im Laufe der Zeit neue Maßnahmen hinzukommen, denen Programmpositionen zugeordnet werden, die dann Budget von der übergeordneten Programmposition erhalten sollen.

3.2.4 Budgetverteilung auf Maßnahmen – halb automatisch

Bei der Imsol GmbH sollen die Budgetwerte den Planwerten auf den Maßnahmen entsprechen. In diesem Fall können die Werte in ihrer Gesamtheit über die Transaktion *IM52* kopiert werden. Hierzu ist es erforderlich, dass Sie zunächst über den Eintrag EINSTELLUNGEN • SICHT PLANSUMME die Spalte PLANSUMME einblenden. Danach müssen Sie diese Spalte sowie die entsprechend zu budgetierenden Zeilen markieren (siehe Abbildung 3.19).

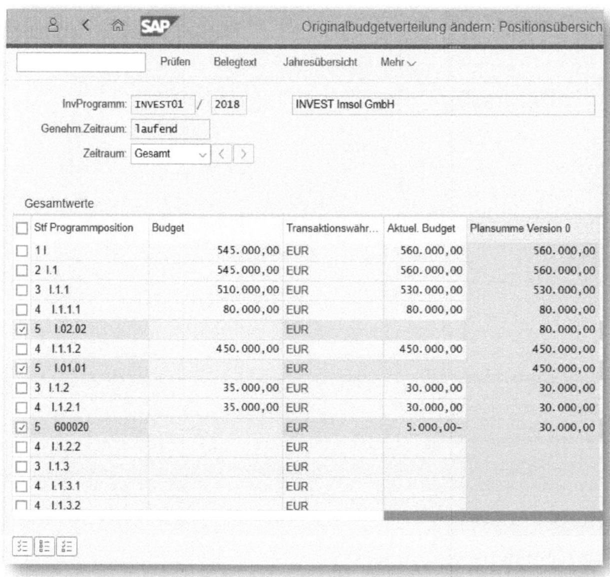

Abbildung 3.19: Eingabemaske IM52 – Budgetverteilung kopieren, Planwerte 1

Anschließend können Sie über BEARBEITEN • KOPIEREN SICHT die Planwerte übernehmen. Dies muss sowohl für die Gesamt- als auch für die Jahreswerte durchgeführt werden. In einer zwischengeschalteten Abfrage (Abbildung 3.20) können Sie zudem entscheiden, ob bzw. zu welchem Prozentsatz die kopierten Werte zu bereits bestehenden Werten addiert oder diese überschrieben werden sollen. Das Ergebnis der kopierten Sichten zeigt Abbildung 3.21.

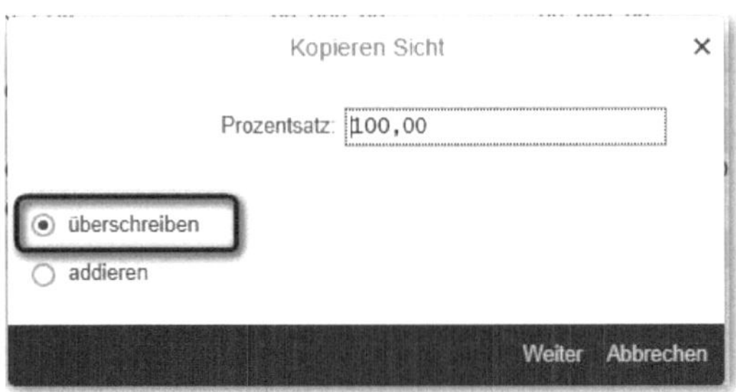

Abbildung 3.20: Auswahlmaske zum Kopieren der Sicht

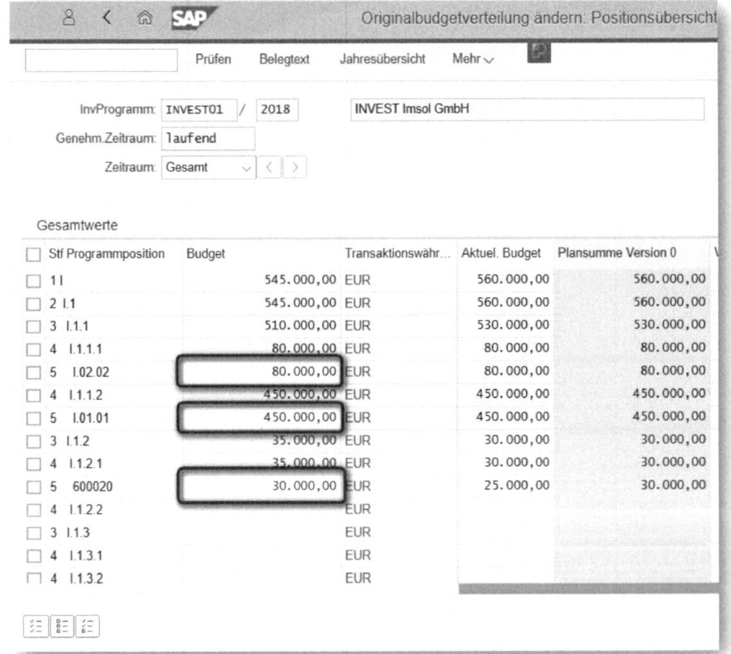

Stf	Programmposition	Budget	Transaktionswähr...	Aktuel. Budget	Plansumme Version 0
1	I	545.000,00	EUR	560.000,00	560.000,00
2	I.1	545.000,00	EUR	560.000,00	560.000,00
3	I.1.1	510.000,00	EUR	530.000,00	530.000,00
4	I.1.1.1	80.000,00	EUR	80.000,00	80.000,00
5	I.02.02	80.000,00	EUR	80.000,00	80.000,00
4	I.1.1.2	450.000,00	EUR	450.000,00	450.000,00
5	I.01.01	450.000,00	EUR	450.000,00	450.000,00
3	I.1.2	35.000,00	EUR	30.000,00	30.000,00
4	I.1.2.1	35.000,00	EUR	30.000,00	30.000,00
5	600020	30.000,00	EUR	25.000,00	30.000,00
4	I.1.2.2		EUR		
3	I.1.3		EUR		
4	I.1.3.1		EUR		
4	I.1.3.2		EUR		

Abbildung 3.21: Eingabemaske IM52 – Budgetverteilung kopieren, Planwerte 2

Auch das Ergebnis der Budgetverteilung lässt sich erneut am besten über die ALLGEMEINE STRUKTUR- UND WERTELISTE aufzeigen (siehe Abbildung 3.22).

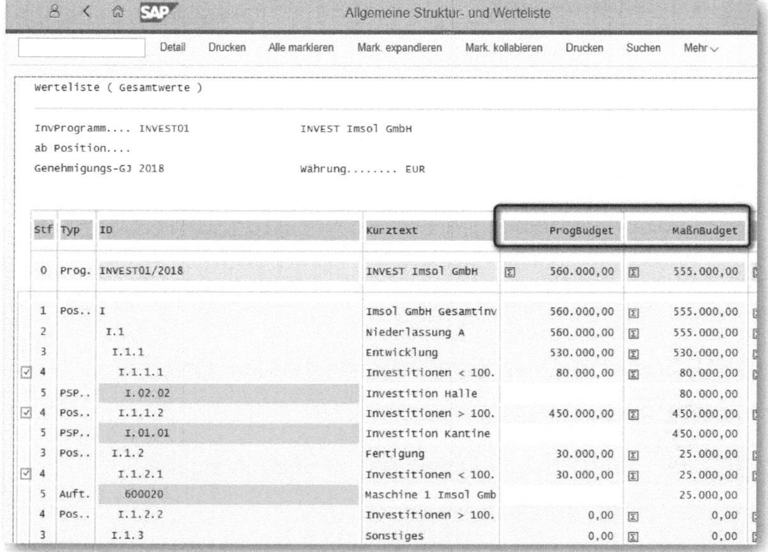

Werteliste (Gesamtwerte)

InvProgramm.... INVEST01 INVEST Imsol GmbH
ab Position....
Genehmigungs-GJ 2018 Währung........ EUR

Stf	Typ	ID	Kurztext	ProgBudget	MaßnBudget
0	Prog.	INVEST01/2018	INVEST Imsol GmbH	560.000,00	555.000,00
1	Pos..	I	Imsol GmbH Gesamtinv	560.000,00	555.000,00
2		I.1	Niederlassung A	560.000,00	555.000,00
3		I.1.1	Entwicklung	530.000,00	530.000,00
4		I.1.1.1	Investitionen < 100.	80.000,00	80.000,00
5	PSP..	I.02.02	Investition Halle		80.000,00
4	Pos..	I.1.1.2	Investitionen > 100.	450.000,00	450.000,00
5	PSP..	I.01.01	Investition Kantine		450.000,00
3	Pos..	I.1.2	Fertigung	30.000,00	25.000,00
4		I.1.2.1	Investitionen < 100.	30.000,00	25.000,00
5	Auft.	600020	Maschine 1 Imsol Gmb		25.000,00
4	Pos..	I.1.2.2	Investitionen > 100.	0,00	0,00
3		I.1.3	Sonstiges	0,00	0,00

Abbildung 3.22: Bericht S_ALR_87012806 (Maßnahmenbudget)

3.2.5 Verfügbarkeitskontrolle

Die Imsol GmbH legt bei ihrer Investitionsabwicklung großen Wert darauf, dass die Verfügbarkeit des Budgets vom System aktiv geprüft wird. Um eine solche Prüfung zu gewährleisten, muss die sogenannte *Verfügbarkeitskontrolle* aktiviert werden. Folgende Vorgänge können im Rahmen der Verfügbarkeitskontrolle kontrolliert werden:

- ++ alle Vorgangsgruppen,
- 00 Bestellanforderung,
- 01 Bestellung,
- 02 Aufträge zum Projekt,
- 03 Warenausgabe,
- 04 Beleg Finanzbuchhaltung,
- 05 Beleg Controlling,

- 06 Budgetierung,
- 07 Mittelreservierung,
- 08 Festpreise im Projekt,
- 09 Personalabrechnung.

Die Verfügbarkeitskontrolle ist eng mit dem im Objekt hinterlegten Budgetprofil verknüpft. Hier wird im ersten Schritt die Aktivierungsart hinterlegt. Sie steuert, ob die Aktivierung im Hintergrund oder direkt bei Budgetvergabe erfolgen soll.

Das SAP-System unterscheidet folgende Aktivierungsarten:

- 0 – nicht aktivierbar,
- 1 – automatische Aktivierung bei Budgetvergabe,
- 2 – Hintergrundaktivierung.

Die Hintergrundaktivierung kann z. B. aus Performancegründen als nächtlicher Job eingestellt werden und über ausgewählte Objekte laufen (siehe Abbildung 3.23).

Des Weiteren wird im Budgetprofil bestimmt, ob die Verfügbarkeitskontrolle im Rahmen des Jahres- und/oder Gesamtbudgets oder im Rahmen der sogenannten *Freigaben* stattfinden soll. Die Freigaben beziehen sich auf ein gesondert freigegebenes Teilbudget. Die Zuordnung des Budgetprofils erfolgt, ebenso wie die des Planprofils, über das Projektprofil.

In einem zweiten Schritt muss die Verfügbarkeitskontrolle gemäß den Anforderungen des Unternehmens angepasst werden, d. h., es wird festgelegt, unter welchen Bedingungen bzw. *Toleranzgrenzen* die Verfügbarkeitskontrolle reagieren soll. Bei Innenaufträgen rufen Sie dazu folgenden Customizingpfad auf: INVESTITIONSMANAGEMENT • INNENAUFTRÄGE ALS INVESTITIONSMAßNAHME • PLANUNG UND BUDGETIERUNG • TOLERANZGRENZEN FÜR VERFÜGBARKEITSKONTROLLE DEFINIEREN.

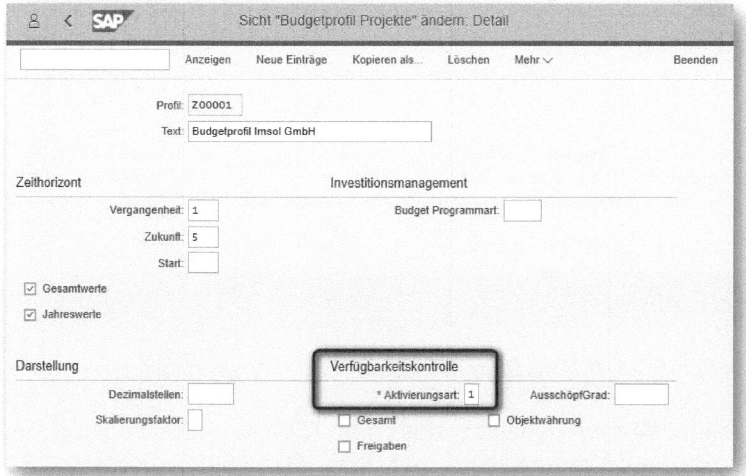

Abbildung 3.23: Verfügbarkeitskontrolle – Aktivierungsart

Bei Projekten finden Sie den entsprechenden Eintrag wie folgt: INVESTITIONSMANAGEMENT • PROJEKTE ALS INVESTITIONSMAẞNAHME • PLANUNG UND BUDGETIERUNG • TOLERANZGRENZEN FÜR VERFÜGBARKEITSKONTROLLE DEFINIEREN.

Die Zuordnung kann pro Kostenrechnungskreis, Budgetprofil und Vorgangsgruppe mit jeweils einer oder mehreren Toleranzgrenzen erfolgen. Das System führt je nach Vorgang drei unterschiedliche Aktionen aus:

- 1 – Warnung,
- 2 – Warnung mit Mail an den Verantwortlichen,
- 3 – Fehlermeldung.

Im Beispiel der Imsol GmbH sollen die drei Aktionen bei unterschiedlichen Ausschöpfungsgraden zum Einsatz kommen. Hierzu werden die in Abbildung 3.24 gezeigten drei Stufen eingerichtet.

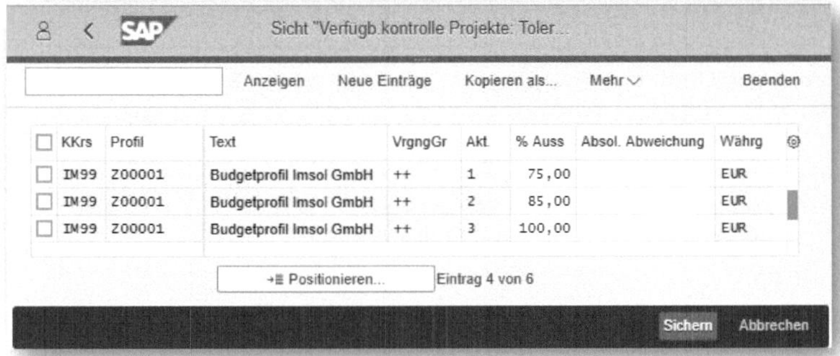

Abbildung 3.24: IM: Verfügbarkeitskontrolle – Toleranzgrenzen

Der erste Eintrag bedeutet, dass bei 75%iger Ausschöpfung des Budgets eine Warnmeldung auf dem Bildschirm erscheint. Bei 85%iger Ausschöpfung (siehe Eintrag 2) erfolgt erneut eine Warnmeldung auf dem Bildschirm, und gleichzeitig erhält der Auftragsart-Verantwortliche eine Mail in seinem SAP-Business-Workplace. Ist eine 100%ige Ausschöpfung des Budgets erreicht, so wird eine Fehlermeldung ausgegeben und die Buchung verweigert. Die Aktivität des jeweiligen Ausschöpfungsgrads bezieht sich auf alle Vorgänge, könnte aber, wie oben beschrieben, gezielt auf einzelne Vorgänge eingeschränkt werden.

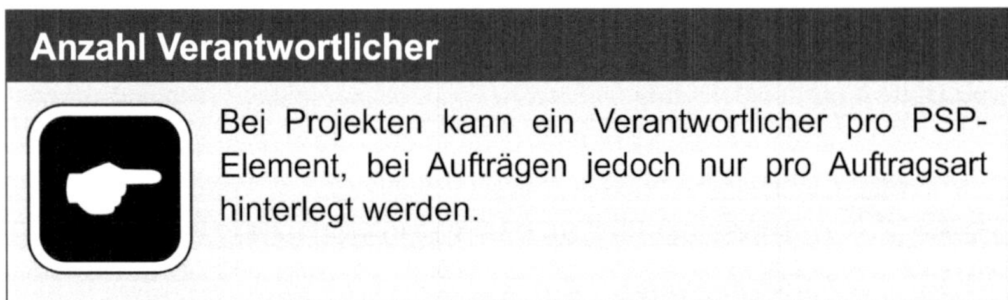

Anzahl Verantwortlicher

Bei Projekten kann ein Verantwortlicher pro PSP-Element, bei Aufträgen jedoch nur pro Auftragsart hinterlegt werden.

3.2.6 Statistische Budgetüberwachung

Eine Besonderheit in der Investitionsabwicklung der Imsol GmbH bildet im Zuge der Bestellerfassung die *Direktkontierung auf Anlage,* d. h., es wird keine Investitionsmaßnahme als CO-Objekt, wie wir sie bislang kennengelernt haben, kontiert. In der Warenabwicklung kommt es häufiger vor, dass die Mitarbeiter beim Anlegen der Bestellanforderung oder beim Erfassen der Bestellung die spätere Investitionsmaßnahme nicht kennen und auch nicht kennen können, da diese z. B. noch nicht angelegt ist. Meist sind aber die Anlagenklassen bzw. die Anlagen (z. B. eine Anlage für Betriebs- und Geschäftsausstattung oder eine sonstige technische Anlage) bekannt, auf die kontiert werden kann. Dieser Wertefluss soll ebenfalls der Verfügbarkeitskontrolle unterstehen und das eingestellte Budget verbrauchen. Um dies zu gewährleisten, kann die *statistische Budgetüberwachung* eingerichtet werden. Hierzu sind nachfolgende Einstellungen im Customizing durchzuführen.

Das Kontierungsobjekt PSP-ELEMENT INVESTITIONSPROJEKT muss im Customizing der Anlagenbuchhaltung als neues Kontierungsobjekt hinterlegt bzw. aktiviert werden (siehe Abbildung 3.25). Die Einstellung im Customizing erfolgt über ANLAGENBUCHHALTUNG • INTEGRATION MIT DEM HAUPTBUCH • MITZUBUCHENDE KONTIERUNGSOBJEKTE • KONTIERUNGSOBJEKTE AKTIVIEREN.

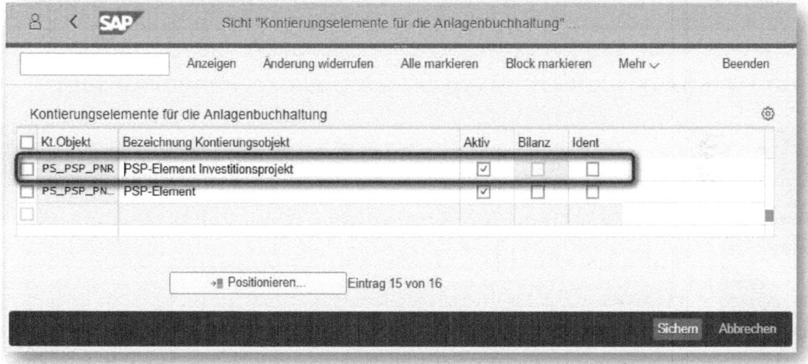

Abbildung 3.25: FI-AA – Kontierungselemente für die Anlagenbuchhaltung

Des Weiteren ist es notwendig, dass Sie für das Kontierungsobjekt je Buchungskreis und Bewertungsbereich eine Kontierungsregel hinterlegen (siehe Abbildung 3.26). Die Hinterlegung der Kontierungselemente erfolgt über den Menüpfad ANLAGENBUCHHALTUNG (NEU) • IN-

TEGRATION MIT DEM HAUPTBUCH • MITZUBUCHENDE KONTIERUNGSOBJEKTE • KONTIERUNGSARTEN FÜR KONTIERUNGSOBJEKTE FESTLEGEN.

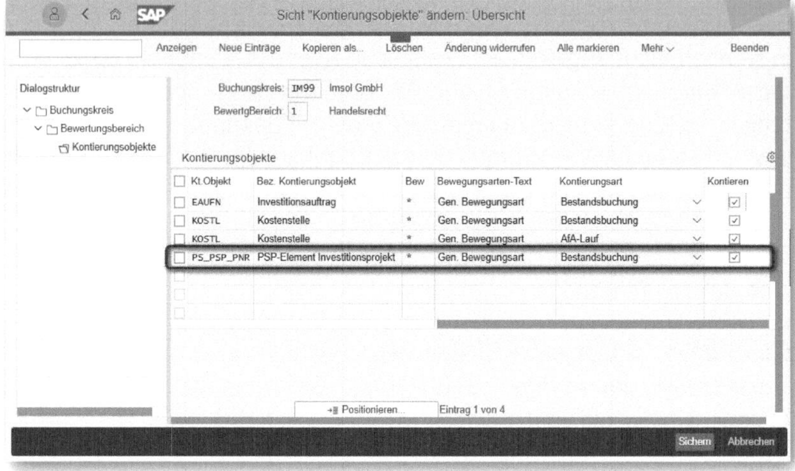

Abbildung 3.26: FI-AA – Kontierungsobjekte

Die Bestandskonten für die Buchung der Anschaffungs- und Herstellkosten (AHK) der betroffenen Anlagen müssen im Controlling als Kostenart mit dem Kostenartentyp *90 (Bilanzkonto)* angelegt sein.

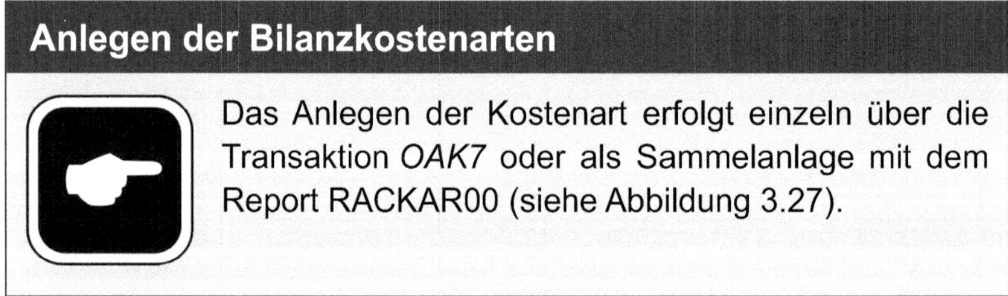

Anlegen der Bilanzkostenarten

Das Anlegen der Kostenart erfolgt einzeln über die Transaktion *OAK7* oder als Sammelanlage mit dem Report RACKAR00 (siehe Abbildung 3.27).

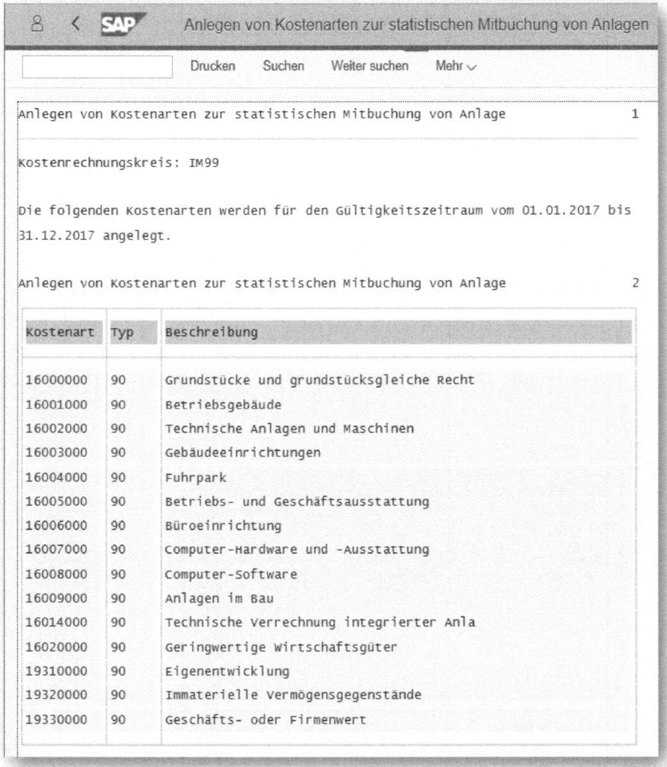

Anlegen von Kostenarten zur statistischen Mitbuchung von Anlage 1

Kostenrechnungskreis: IM99

Die folgenden Kostenarten werden für den Gültigkeitszeitraum vom 01.01.2017 bis 31.12.2017 angelegt.

Anlegen von Kostenarten zur statistischen Mitbuchung von Anlage 2

Kostenart	Typ	Beschreibung
16000000	90	Grundstücke und grundstücksgleiche Recht
16001000	90	Betriebsgebäude
16002000	90	Technische Anlagen und Maschinen
16003000	90	Gebäudeeinrichtungen
16004000	90	Fuhrpark
16005000	90	Betriebs- und Geschäftsausstattung
16006000	90	Büroeinrichtung
16007000	90	Computer-Hardware und -Ausstattung
16008000	90	Computer-Software
16009000	90	Anlagen im Bau
16014000	90	Technische Verrechnung integrierter Anla
16020000	90	Geringwertige Wirtschaftsgüter
19310000	90	Eigenentwicklung
19320000	90	Immaterielle Vermögensgegenstände
19330000	90	Geschäfts- oder Firmenwert

Abbildung 3.27: FI-AA – Anlegen von Kostenarten, Typ 90

Ebenso muss das Feld INVESTITIONSPROJEKT im Bildaufbau der betroffenen Anlagenklasse auf KANN gesetzt sein (siehe Abbildung 3.28). Dies können Sie über ANLAGENBUCHHALTUNG • STAMMDATEN • BILDAUFBAU • BILDAUFBAU ANLAGENSTAMMDATEN DEFINIEREN • INVESTITIONSKONTIERUNG einstellen.

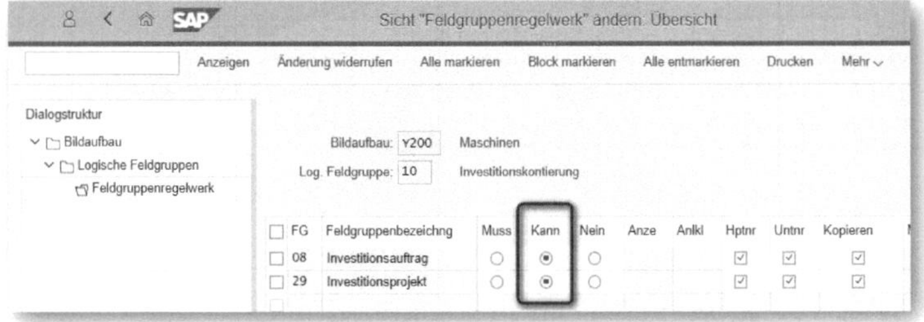

Abbildung 3.28: FI-AA – Bildaufbau

Durch diesen Eintrag wird, wie in Abbildung 3.29 gezeigt, beim Erstellen der Anlage das Feld PSP-ELEMENT unter dem Reiter HERKUNFT verfügbar.

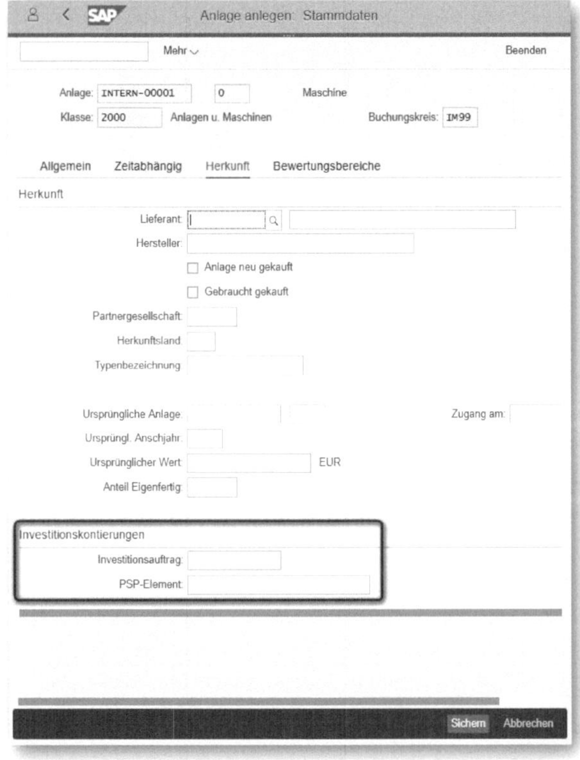

Abbildung 3.29: FI-AA – Anlage Felder Investitionskontierungen

Um in der Durchführung der Investitionsabwicklung eine Buchung mit statistischer Budgetüberwachung durchführen zu können, muss das Feld PSP-ELEMENT in der Feldstatusvariante des betroffenen Buchungskreises/Bestandskontos für die Anschaffungs- und Herstellkosten der jeweiligen Anlage als »Kann-Eingabe« gesetzt sein (siehe Abbildung 3.30). Hierzu pflegen Sie über FINANZWESEN • GRUNDEINSTELLUNGEN FINANZWESEN(NEU) • BÜCHER • FELDER • FELDSTATUSVARIANTEN DEFINIEREN • FELDSTATUSGRUPPE ANLAGENKONTEN • ZUSATZKONTIERUNG die entsprechenden Feldwerte.

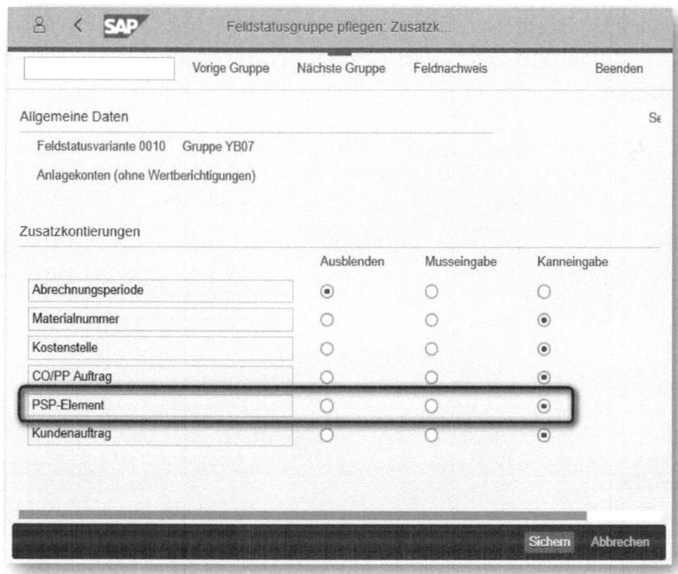

Abbildung 3.30: FI - Feldstatusvarianten

3.3 Integration der Planung und Budgetierung

Im Idealfall lassen sich wie bei der Imsol GmbH die Planung und die Budgetierung integrieren. Die Planung erfolgt, wie in den Abschnitten 3.1.2 bis 3.1.4 beschrieben, auf den Maßnahmenanforderungen und/oder Maßnahmen (CO-Innenaufträge oder PSP-Elemente).

Diese Planwerte werden anschließend im SAP IM mit der Transaktion *IM34* auf die IM-Programmpositionen als sogenannter *Programmplan* »hochgerollt«. Nach formaler Verabschiedung des Budgets (Budget = Plan) können die Werte mittels der Transaktion *IMCCP1* als Budget auf die IM-Programmpositionen als sogenanntes *Programmbudget* übernommen werden. Auf diesen Positionen lassen sich dann etwaige Änderungen/Kürzungen des Budgets manuell durchführen.

Als letzter integrativer Schritt erfolgt mit der Transaktion *IM52* die Verteilung des Budgets der Programmpositionen auf die einzelnen Maßnahmen. Abbildung 3.31 und Abbildung 3.32 veranschaulichen diese Integration.

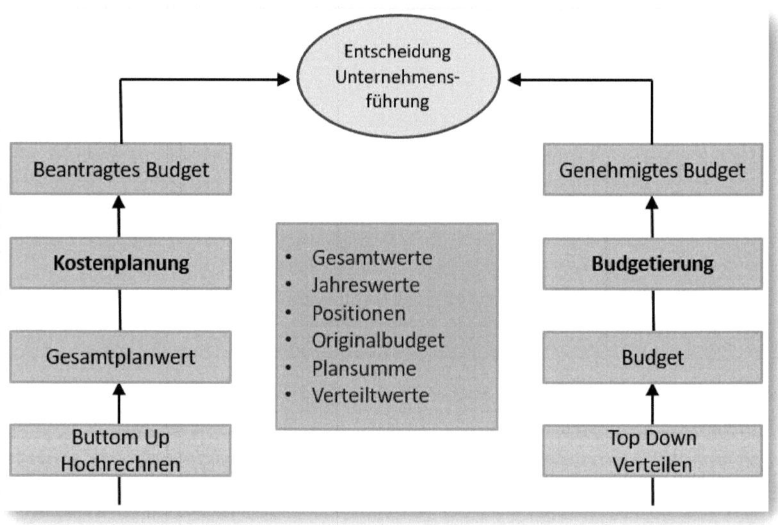

Abbildung 3.31: IM-Übersicht, Integration

Die Integration lässt sich auch aus dem uns bekannten Bericht S_ALR_87012806 ablesen (siehe Abbildung 3.33).

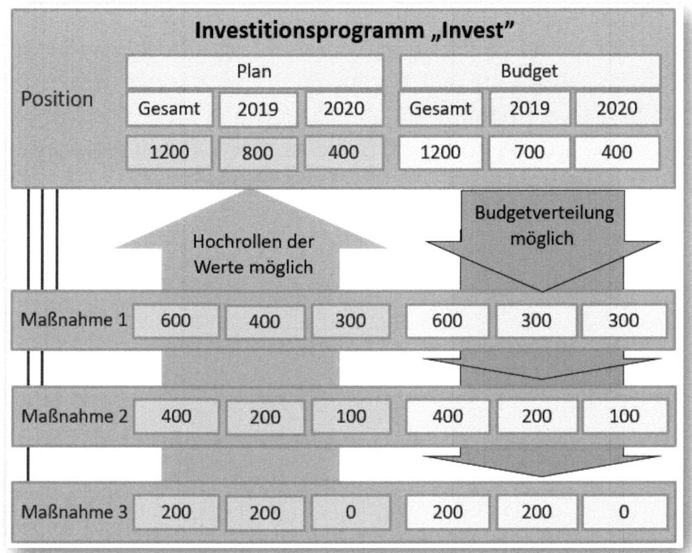

Abbildung 3.32: IM-Übersicht, Plan- und Budgetintegration

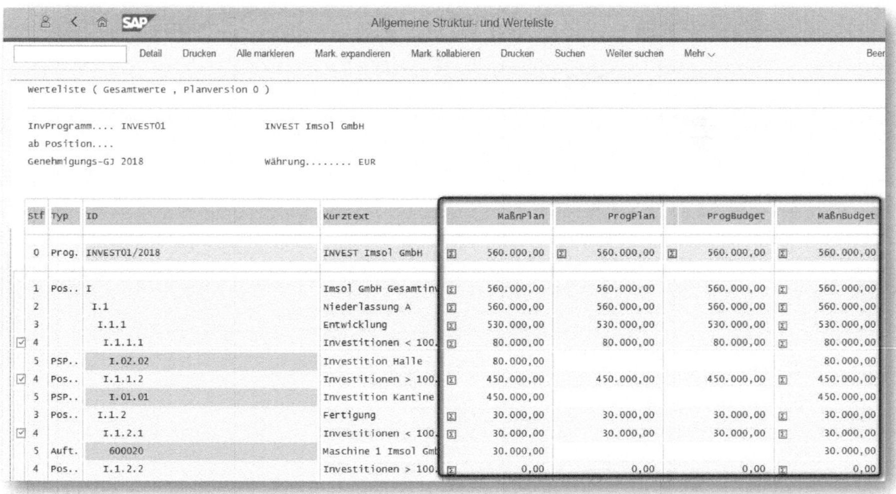

Werteliste (Gesamtwerte , Planversion 0)

InvProgramm.... INVEST01 INVEST Imsol GmbH
ab Position....
Genehmigungs-GJ 2018 Währung........ EUR

Stf	Typ	ID	Kurztext	MaßnPlan	ProgPlan	ProgBudget	MaßnBudget
0	Prog.	INVEST01/2018	INVEST Imsol GmbH	560.000,00	560.000,00	560.000,00	560.000,00
1	Pos..	I	Imsol GmbH Gesamtinv	560.000,00	560.000,00	560.000,00	560.000,00
2		I.1	Niederlassung A	560.000,00	560.000,00	560.000,00	560.000,00
3		I.1.1	Entwicklung	530.000,00	530.000,00	530.000,00	530.000,00
4		I.1.1.1	Investitionen < 100.	80.000,00	80.000,00	80.000,00	80.000,00
5	PSP..	I.02.02	Investition Halle	80.000,00			80.000,00
4	Pos..	I.1.1.2	Investitionen > 100.	450.000,00	450.000,00	450.000,00	450.000,00
5	PSP..	I.01.01	Investition Kantine	450.000,00			450.000,00
3	Pos..	I.1.2	Fertigung	30.000,00	30.000,00	30.000,00	30.000,00
4		I.1.2.1	Investitionen < 100.	30.000,00	30.000,00	30.000,00	30.000,00
5	Auft.	600020	Maschine 1 Imsol Gmb	30.000,00			30.000,00
4	Pos..	I.1.2.2	Investitionen > 100.	0,00	0,00	0,00	0,00

Abbildung 3.33: Bericht S_ALR_87012806 (Plan- und Budgetsichten)

Anforderungsplan zuzüglich Maßnahmenplan wurden zum Programmplan hochgerollt und dieser dann in das Programmbudget kopiert sowie anschließend auf die Maßnahmen verteilt. Nachdem die Planung und Budgetierung abgeschlossen und im System abgebildet sind, erfolgt die Durchführung der Investition, auf die im folgenden Kapitel eingegangen wird.

4 Investitionsmanagement – Durchführung

Zur Abwicklung von Investitionen im SAP IM gehören sowohl die Bebuchung mit IST-Werten und Budgetänderungen durch ungeplante Ereignisse als auch die Durchführung der AfA-Simulation sowie eine Buchung der Simulationsdaten auf Kostenstellen.

4.1 Belastung mit IST-Werten

Die Belastung der Investitionsmaßnahmen mit IST-Werten ist auf die unterschiedlichsten Arten möglich, und Werte-Integrationen können direkt als Buchung bzw. indirekt beispielsweise als Abrechnung, Zuschlag oder Umlage erfolgen. Da die IST-Werte über die Kontierung vielfältiger täglicher Buchungen auf die Investitionsmaßnahmen gelangen, wird im Folgenden nur eine Auswahl einzelner Buchungen (Werteflüsse) aufgezeigt, ohne diese näher zu analysieren.

- FI: Direktbuchungen/Sachkontenbuchungen
- MM: Bestellanforderungen/Bestellungen/Wareneingangsbuchungen
- MM: Materialentnahmen
- CO: periodische Umbuchung/Verteilung/Umlage
- CO: Abrechnungen
- CO: interne Leistungsverrechnungen
- PS: Rückmeldungen

Für die weitere Betrachtung in unserem Buch werden wir IST-Werte auf die Maßnahmen mittels *FI-Direktkontierung* sowie *Innerbetrieblicher Leistungsverrechnung* buchen.

4.2 Budgetaktualisierung – Nachtrag

Für den Fall, dass im laufenden Jahr vorher nicht bekannte Investitionen getätigt werden müssen oder Investitionen teurer werden als geplant, sollten Sie diese Änderungen im Investitionsmanagement nachvollziehen. Dies erfolgt durch sogenannte *Nachträge* mit der Transaktion *IM30* (Nachträge bearbeiten).

Im Fall der Imsol GmbH nehmen wir an, dass sich die geplanten Kosten für die Kantine (IM-Programmposition I.1.1.2) um € 20.000 im Jahr 2018 erhöhen.

Die Transaktion *IM30* finden Sie im Anwendungsmenü wie folgt: INVESTITIONSMANAGEMENT • PROGRAMME • BUDGETIERUNG • IM30 – NACHTRÄGE BEARBEITEN.

Die Nachträge müssen zunächst auf der IM-Programmposition erfasst und in einem weiteren Schritt über die Budgetverteilung auf die betroffene Maßnahme verteilt werden. Die Erfassung der Nachträge erfolgt jeweils in der Gesamtsicht und in diesem konkreten Fall in der Jahressicht 2018 (siehe Abbildung 4.1 und Abbildung 4.2).

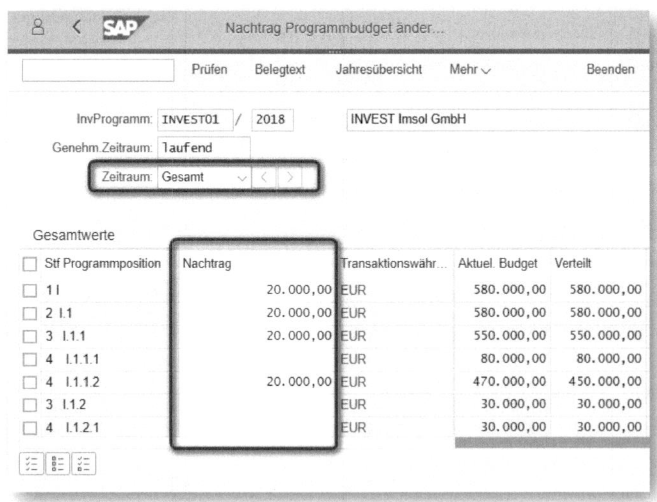

Stf	Programmposition	Nachtrag	Transaktionswähr...	Aktuel. Budget	Verteilt
1	I	20.000,00	EUR	580.000,00	580.000,00
2	I.1	20.000,00	EUR	580.000,00	580.000,00
3	I.1.1	20.000,00	EUR	550.000,00	550.000,00
4	I.1.1.1		EUR	80.000,00	80.000,00
4	I.1.1.2	20.000,00	EUR	470.000,00	450.000,00
3	I.1.2		EUR	30.000,00	30.000,00
4	I.1.2.1		EUR	30.000,00	30.000,00

Abbildung 4.1: IM – Nachträge, Gesamtsicht

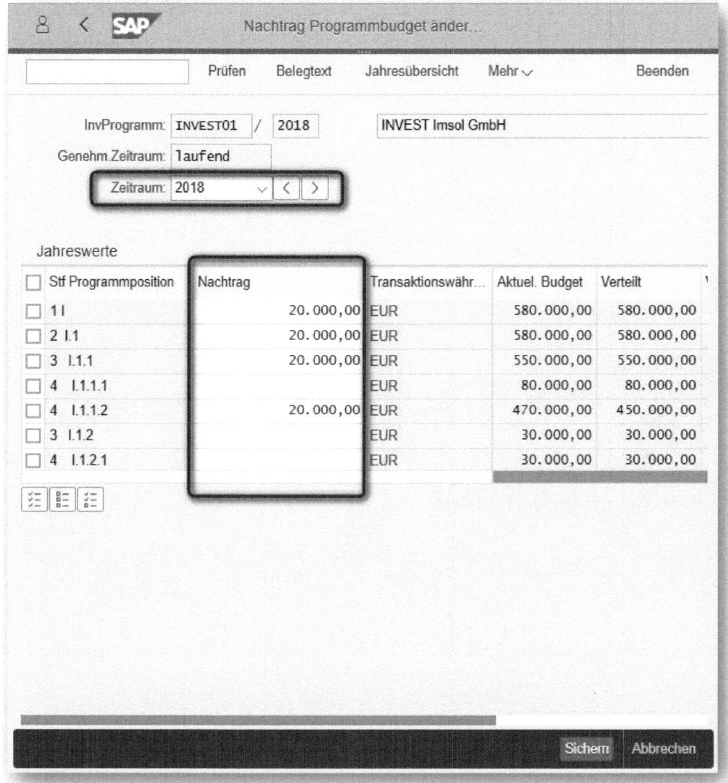

Abbildung 4.2: IM – Nachträge - Jahressicht 2018

Die Erfassung der Budgetverteilung in der Transaktion *IM52* (Budgetverteilung bearbeiten) erfolgt dann in gleicher Weise (siehe Abbildung 4.3 bis Abbildung 4.5). Hier ist es wichtig, dass Sie unter VORGANG BEARBEITEN den Vorgang NACHTRÄGE auswählen.

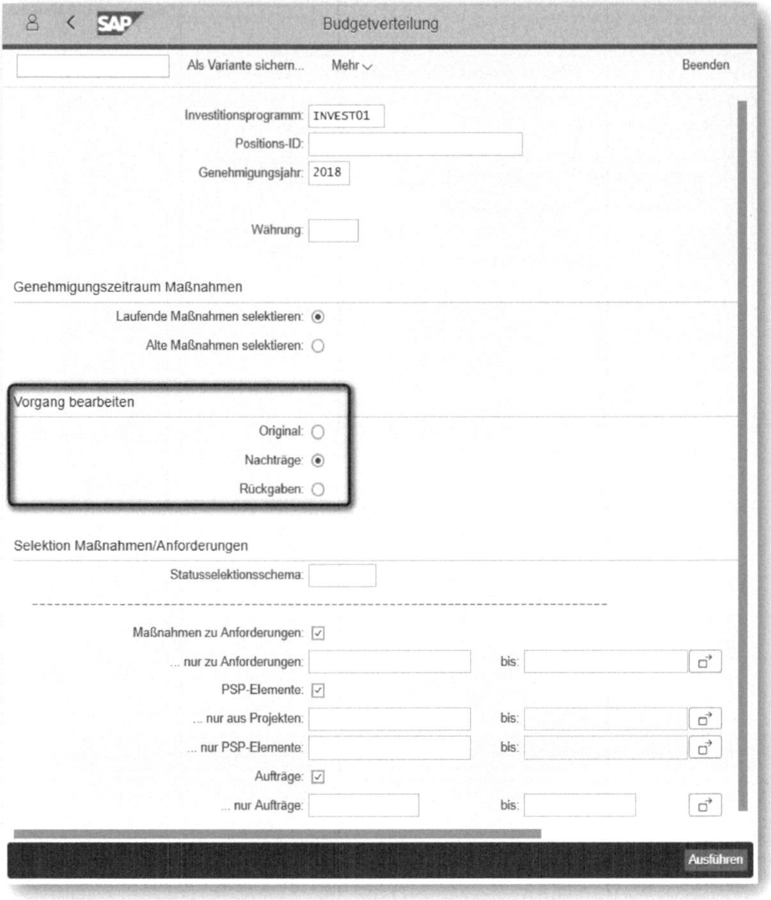

Abbildung 4.3: IM – Budgetverteilung der Nachträge, Selektionsmaske

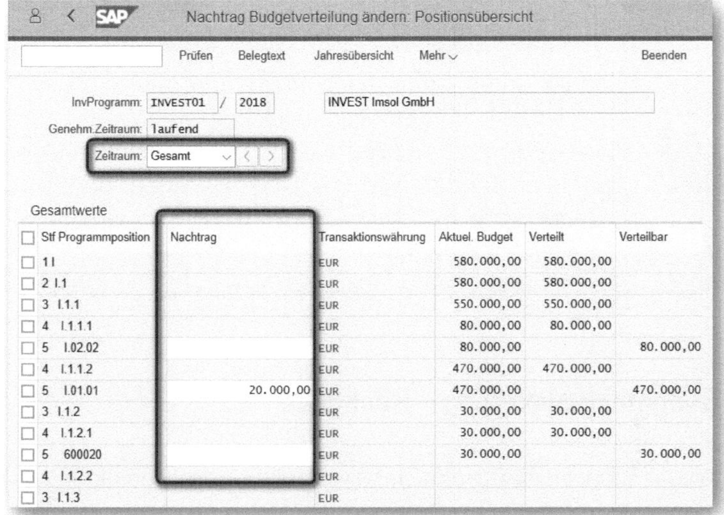

Abbildung 4.4: IM – Budgetverteilung der Nachträge, Gesamtsicht

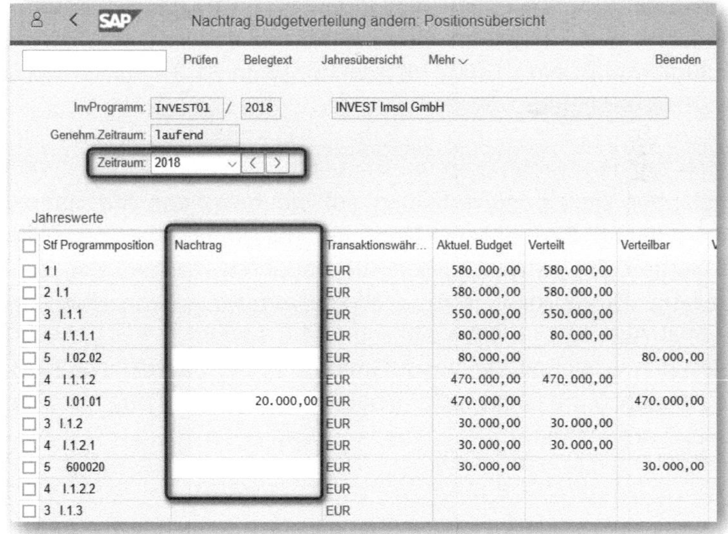

Abbildung 4.5: IM – Budgetverteilung der Nachträge, Jahressicht 2018

Aktuelles Budget

Sobald Änderungen durch Nachträge oder Rückgaben erfasst worden sind, weichen die Werte der Spalten BUDGET und AKTUELLES BUDGET voneinander ab. Unter BUDGET wird das Original-Budget abgebildet und unter AKTUELLES BUDGET das aktuell gültige Budget inklusive aller Änderungen.

4.3 Budgetaktualisierung – Rückgabe

Falls Investitionen im laufenden Jahr wegfallen oder günstiger werden als geplant, müssen Sie mit sogenannten *Rückgaben* arbeiten. Auch diese Änderungen sollten Sie im Investitionsmanagement nachvollziehen. Dies erfolgt über die Transaktion *IM38* (Rückgaben bearbeiten).

Wir betrachten das konkret am Beispiel der Imsol GmbH, wo sich die Kosten für die Maschine 1 (IM-Programmposition I.1.2.1) um € 5.000 im Jahr 2018 verringern.

Anders als bei den Nachträgen, muss auch die Rückgabe der € 5.000 zunächst über die Budgetverteilung auf die betroffene Maßnahme zurückgenommen und anschließend auf der IM-Programmposition erfasst werden. Die Erfassung der Rückgaben im Rahmen der Budgetverteilung (Transaktion *IM52 – Budgetverteilung bearbeiten*) erfolgt gemäß Abbildung 4.6 bis Abbildung 4.8 sowohl in der Gesamtsicht als auch – im Fall der Imsol GmbH – in der Jahressicht 2018. Hier ist es wichtig, dass Sie unter VORGANG BEARBEITEN den Vorgang RÜCKGABEN auswählen.

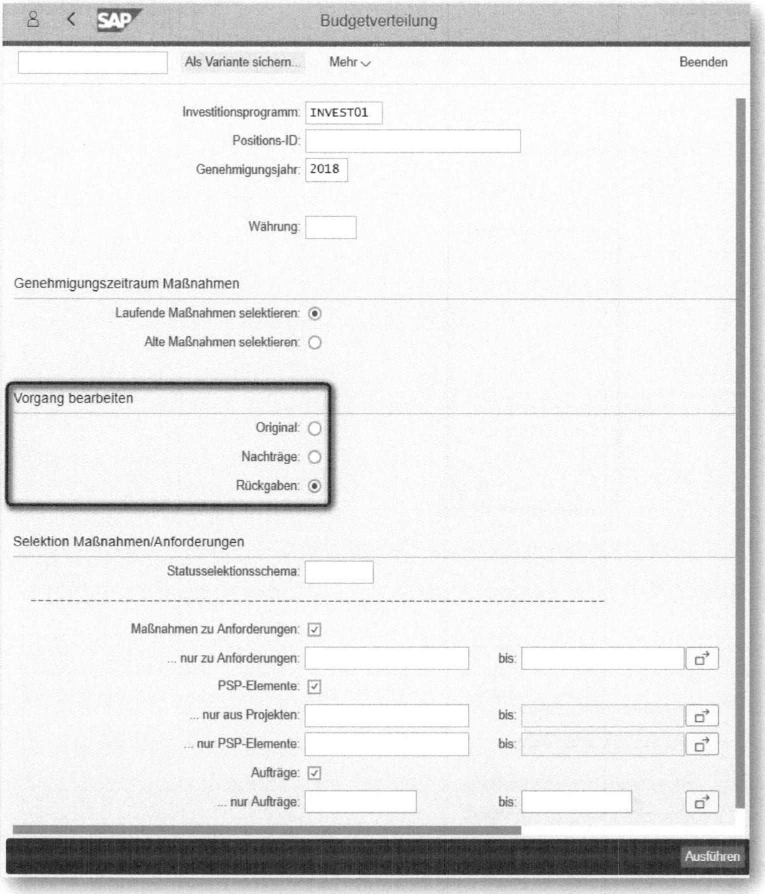

Abbildung 4.6: IM – Budgetverteilung der Rückgaben, Selektionsmaske

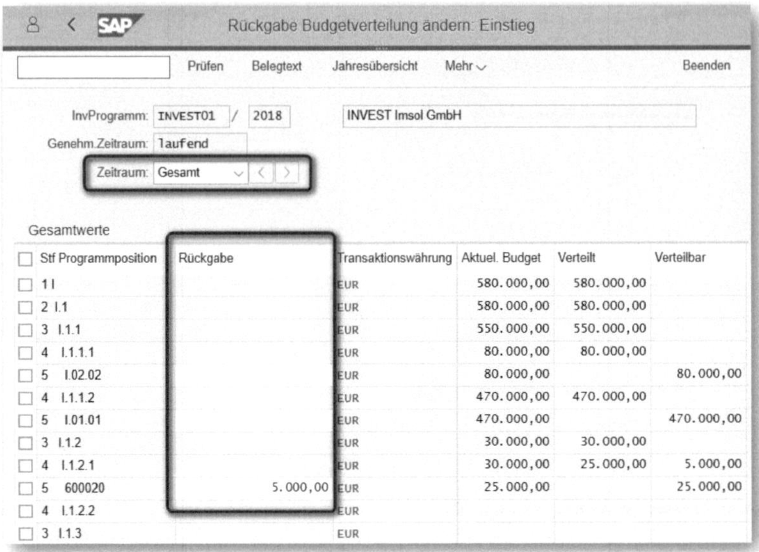

Abbildung 4.7: IM – Budgetverteilung der Rückgaben, Gesamtsicht

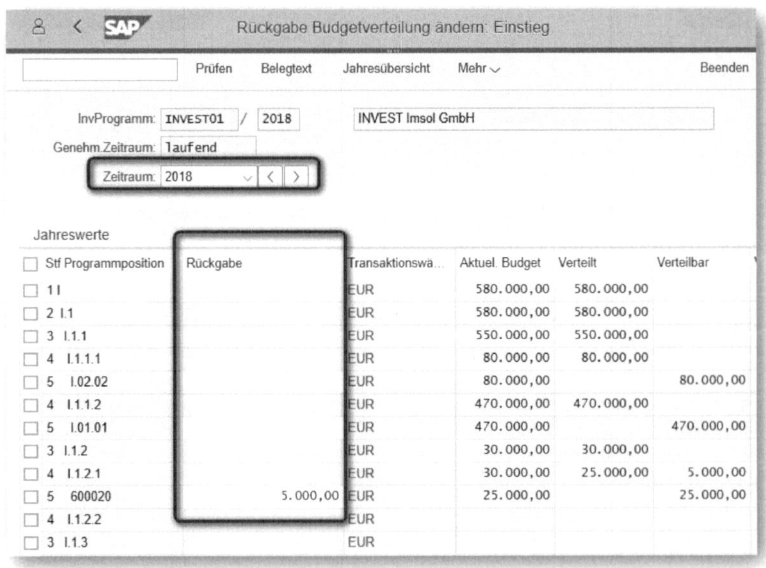

Abbildung 4.8: IM – Budgetverteilung der Rückgaben, Jahressicht 2018

Danach muss die Rückgabe noch auf der Ebene des Programmbudgets durchgeführt werden. Die Erfassung der Rückgabe erfolgt wiederum in der Gesamtsicht (siehe Abbildung 4.9) und in der Jahressicht 2018 (siehe Abbildung 4.10).

Die Transaktion *IM38* finden Sie im Anwendungsmenü wie folgt: INVESTITIONSMANAGEMENT • PROGRAMME • BUDGETIERUNG • IM38 – RÜCKGABEN BEARBEITEN.

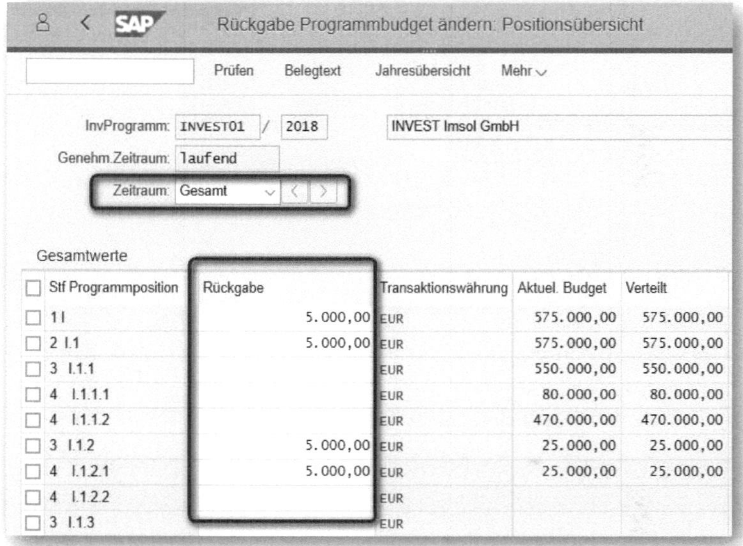

Abbildung 4.9: IM – Budget-Rückgaben, Gesamtsicht

Um zu einem späteren Zeitpunkt nachvollziehen zu können, warum ein Nachtrag oder eine Rückgabe erfasst wurden, sollten Sie bei jeder Änderung unter SPRINGEN • BELEGTEXT in der jeweiligen Maske einen entsprechenden Kurztext ergänzen (siehe Abbildung 4.11).

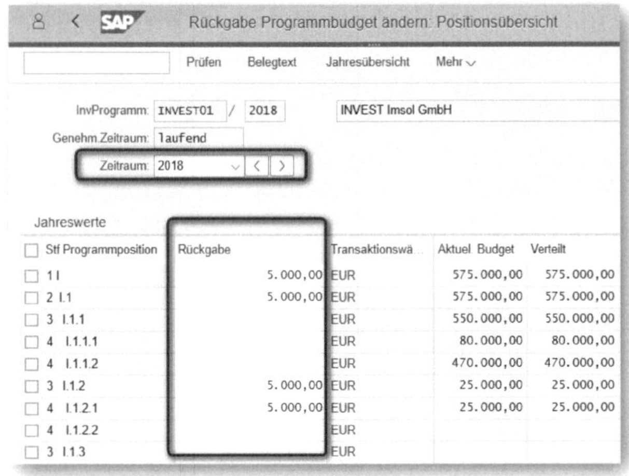

Abbildung 4.10: IM – Budget-Rückgaben, Jahressicht 2018

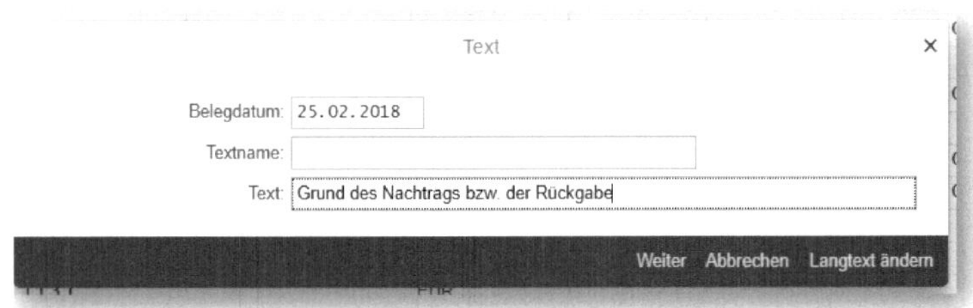

Abbildung 4.11: IM – Belegtext, Nachträge/Rückgaben

4.4 Erzeugen einer Anlage im Bau für Investitionsmaßnahmen

In diesem Abschnitt schauen wir uns die Generierung von *Anlagen im Bau* an – sprich: noch im Fertigstellungsprozess stehende Anlagen eines bilanzierenden Unternehmens. Diese unterscheiden sich für Investitionsmaßnahmen von den direkt in der Anlagenbuchhaltung eingerichteten Anlagen im Bau.

Die entscheidende Differenz wird beim Einrichten der Anlagenklasse definiert. Zur Parametrisierung der Anlagenklasse rufen Sie im Customizing bitte folgenden Pfad auf: FINANZWESEN (NEU) • ANLAGENBUCHHALTUNG (NEU) • ORGANISATIONSSTRUKTUREN • ANLAGENKLASSEN • ANLAGENKLASSEN DEFINIEREN (siehe Abbildung 4.12).

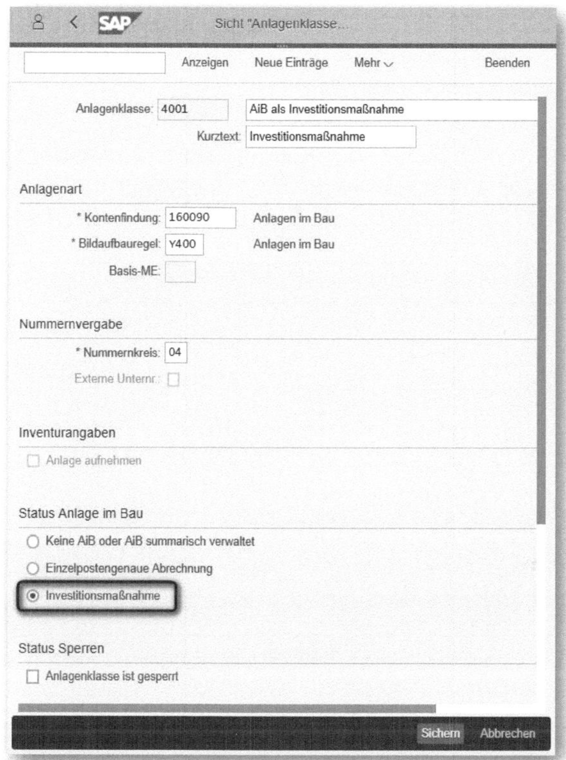

Abbildung 4.12: FI-AA – Anlagenklassen »Status Anlage im Bau«

Im Bereich STATUS ANLAGE IM BAU legen Sie fest, wie und wo die späteren Anlagen im Bau eingerichtet werden. Ist das Feld INVESTITIONSMAßNAHME markiert, so kann eine Anlage zu dieser Anlagenklasse nur über eine Maßnahme aus dem Modul SAP CO (CO-Innenauftrag) bzw. aus dem Modul SAP PS (PSP-Element) heraus angelegt werden. Nur derart definierte Anlagenklassen werden später auch beim Anlegen des Investitionsprofils (siehe Abschnitt 2.1.8) berücksichtigt.

Wie in Abschnitt 2.1.8 beschrieben, ist eine Investitionsmaßnahme im SAP durch die Zuordnung eines Investitionsprofils determiniert. Die spätere Anlage im Bau wird mit Freigabe der Investitionsmaßnahme erzeugt. Diese Freigabe kann manuell oder durch automatisches Setzen des Systemstatus FREI erfolgen.

Die manuelle Freigabe nehmen Sie direkt in der Maßnahme über BEARBEITEN • STATUS • FREIGEBEN (bei PSP-Elementen) oder über BEARBEITEN • FREIGEBEN (bei Aufträgen) vor.

Das maschinelle Setzen des Status von Aufträgen, wie in Abbildung 4.13 aufgezeigt, ist in der Auftragsart unter STATUSVERWALTUNG geregelt.

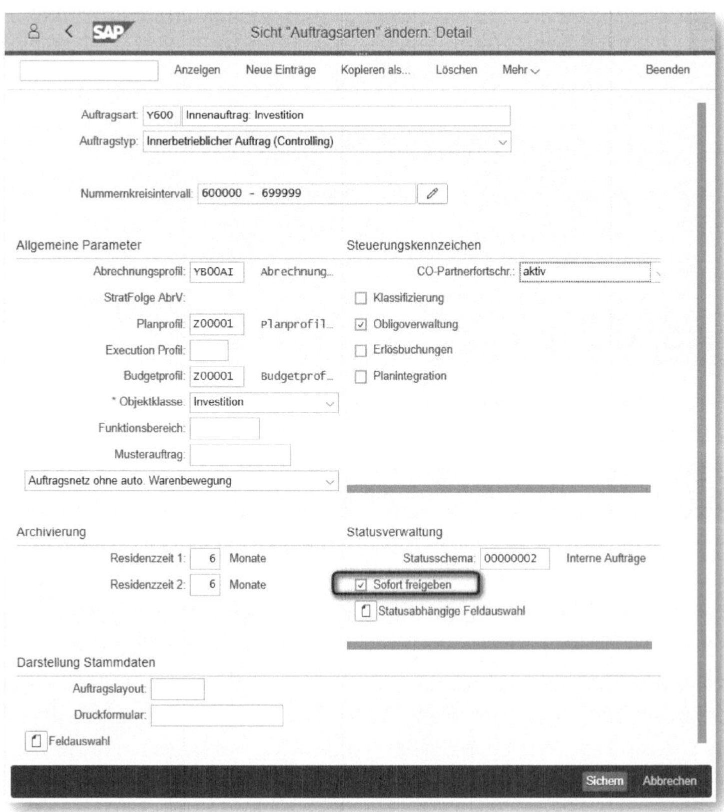

Abbildung 4.13: CO-OM - Auftragsart – Statusverwaltung

Das maschinelle Setzen des Status von PSP-Elementen wird dagegen im Projektprofil und darunter ebenfalls im Bereich der STATUSVERWALTUNG geregelt. Hier muss ein entsprechendes Statusschema für PSP-Elemente hinterlegt werden (siehe Abbildung 4.14).

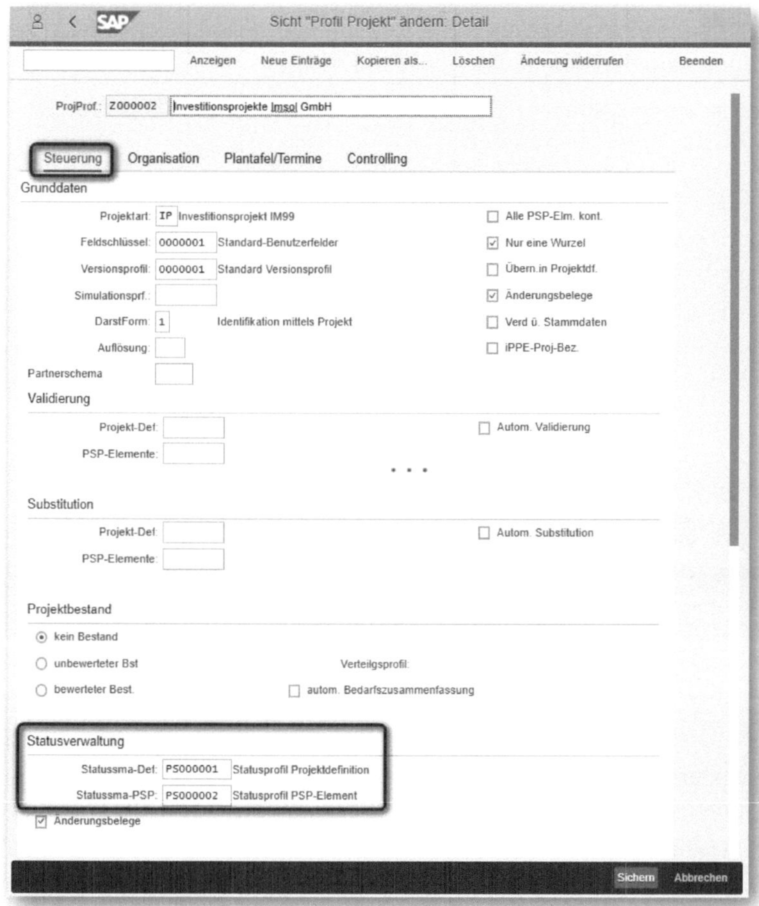

Abbildung 4.14: PS – Projektprofil – Statusverwaltung

Das in den Stammdaten der Investitionsmaßnahme hinterlegte Investitionsprofil bestimmt die AiB-Anlagenklasse, die Anlagennummer und den Aufbau des AiB-Stammsatzes.

Die zum PSP-Element gehörende Anlage im Bau lässt sich direkt mittels der Transaktion *CJ02* (PSP-Element ändern) aus den Stammdaten des PSP-Elements über ZUSÄTZE • ANLAGE IM BAU aufrufen. Von diesem Eintrag springen Sie direkt in SAP FI-AA zum Ändern des Anlagenstammsatzes (siehe Abbildung 4.16).

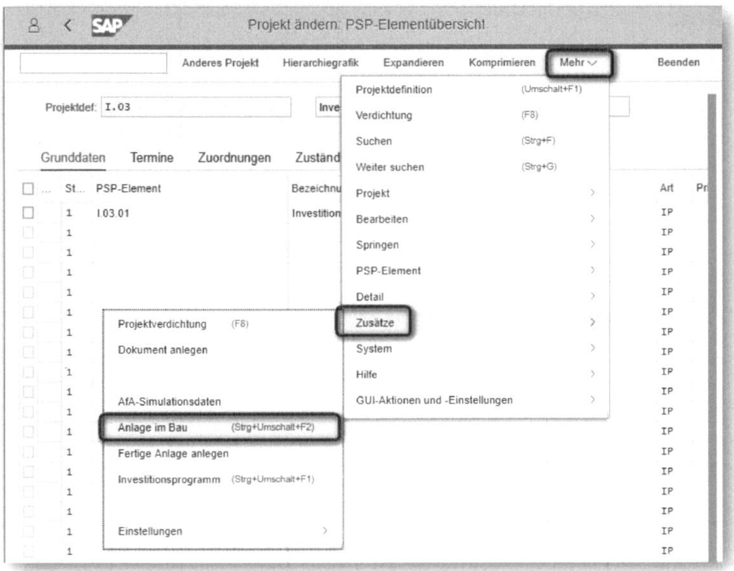

Abbildung 4.15: PS – PSP-Element »Anlage im Bau anlegen«

Ein weiteres Indiz für das Vorhandensein einer Anlage im Bau ist der entsprechende Systemstatus *AiB* im Stammsatz des PSP-Elements (siehe Abbildung 4.17).

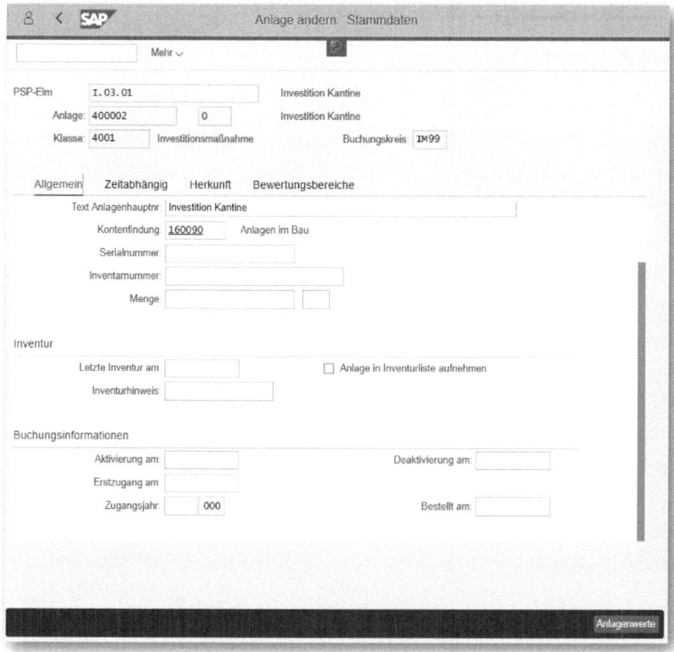

Abbildung 4.16: PS/FI-AA - Stammdaten - Anlage im Bau

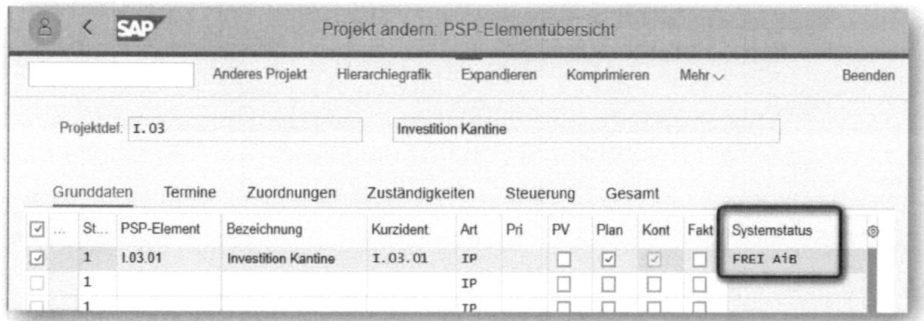

Abbildung 4.17: PS – Stammdaten, Systemstatus »AiB«

4.5 Erzeugen der fertigen Anlage für Investitionsmaßnahmen

Neben den Anlagen im Bau müssen Sie auch die (später) zur Investitionsmaßnahme gehörende(n) *fertige(n) Anlage(n)* einrichten. Sie werden spätestens zum Zeitpunkt der Abrechnung »an fertige Anlagen« benötigt, da diese in der *Abrechnungsvorschrift* eingetragen werden müssen. Die Abrechnungsvorschrift regelt die Art und Weise der Entlastung der Investitionsmaßnahme – also, welche Kosten auf welche Art und Weise wohin abgerechnet werden sollen.

Über den Anwendungspfad RECHNUNGSWESEN • FINANZWESEN • ANLAGEN • ANLAGE • ANLEGEN • AS01 ANLAGE erfolgt das Anlegen der fertigen Anlagen.

In der Selektionsmaske (siehe Abbildung 4.18) wählen Sie die entsprechende ANLAGENKLASSE und klicken sodann auf STAMMDATEN.

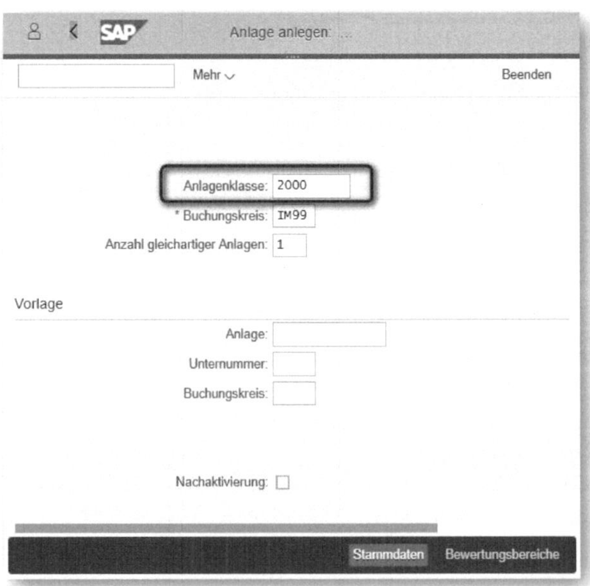

Abbildung 4.18: FI – AS01, Anlage anlegen

In den folgenden Eingabefenstern hinterlegen Sie die entsprechenden Stammdaten (z. B. BEZEICHNUNG und/oder INVENTARNUMMER, siehe Abbildung 4.19) und das CO-Objekt, auf dem die Abschreibungen gebucht werden sollen (z. B. KOSTENSTELLE, siehe Abbildung 4.20).

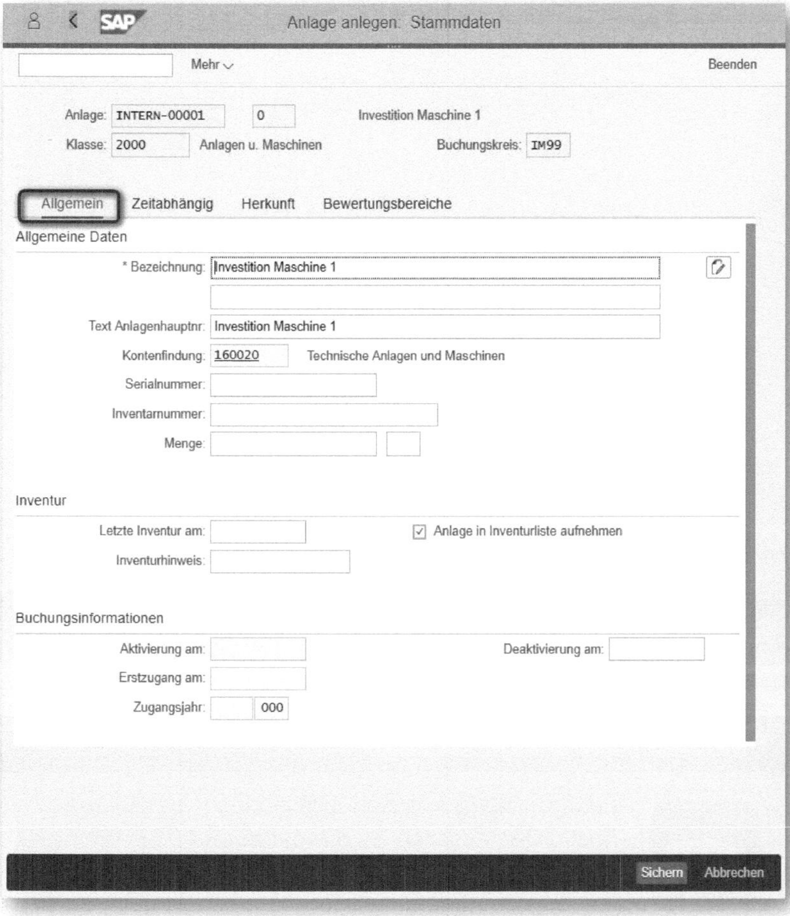

Abbildung 4.19: FI – AS01, Anlage anlegen, Stammdaten 1

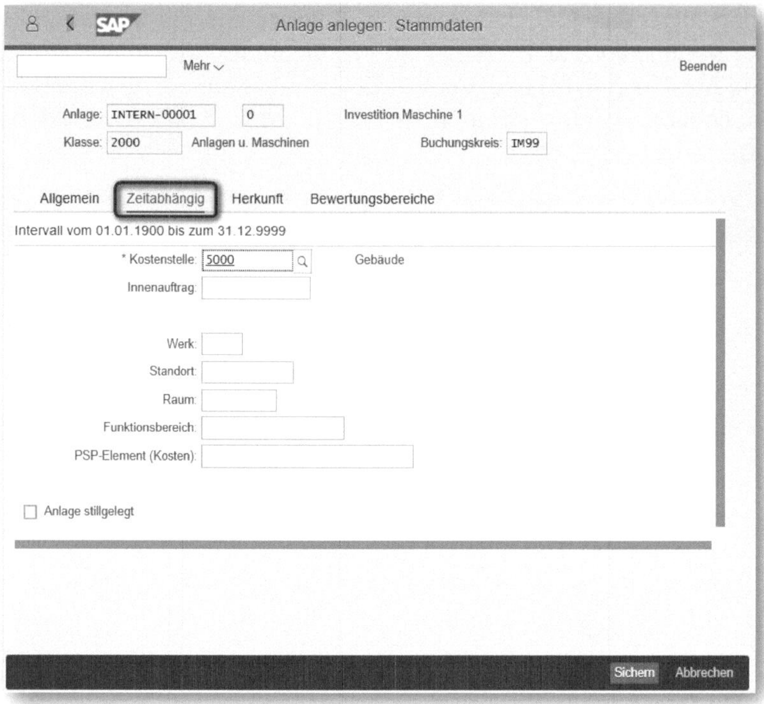

Abbildung 4.20: FI – AS01, Anlage anlegen, Stammdaten 2

Sind alle Daten hinterlegt, muss die Anlage noch gesichert werden. Anschließend kann sie in der Abrechnungsvorschrift verwendet werden.

Einrichten der fertigen Anlage

Fertige Anlagen lassen sich ebenso wie *Anlagen im Bau* direkt aus den Stammdaten des PSP-Elements über ZUSÄTZE • FERTIGE ANLAGE ANLEGEN erzeugen. In Unternehmen ist oft eine strikte Trennung der Abteilungen »Anlagenbuchhaltung« und »Controlling« vorzufinden. Daher ist organisatorisch zu regeln, ob die Anlagen im SAP PS oder im SAP FI-AA angelegt werden sollen.

4.6 AfA-Simulation

4.6.1 Durchführung der Simulation

In den Abschnitten 2.3.3, 2.4.6 und 2.5.3 habe ich Ihnen gezeigt, wie Sie die AfA-Simulationsdaten hinterlegen können. In diesem Abschnitt wollen wir die Funktionsweise der Simulation selbst betrachten. Sie finden die Transaktion zur Durchführung der AfA-Simulation im Anwendungsmenü wie folgt: INVESTITIONSMANAGEMENT • PROGRAMME • INFOSYSTEM • BERICHTE ZUM INVESTITIONSMANAGEMENT • ANLAGEN • S_ALR_87012936 ABSCHREIBUNGSSIMULATION AKTIVE ANLAGEN.

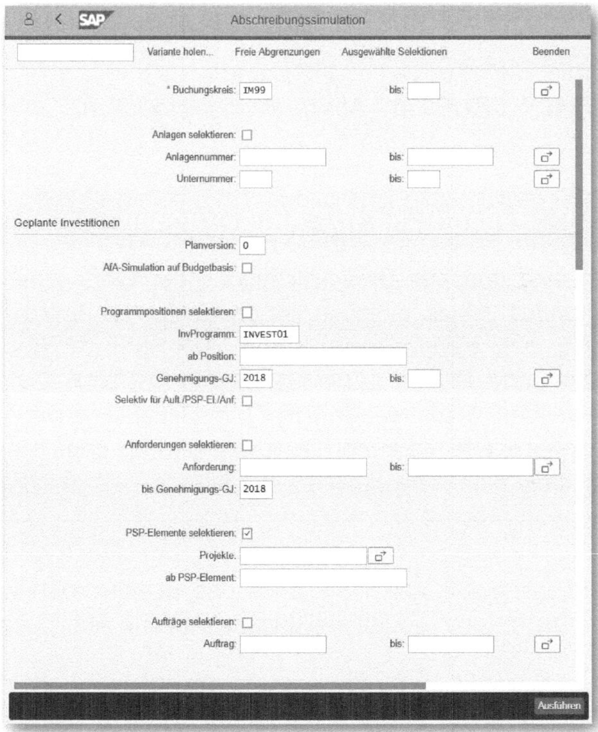

Abbildung 4.21: S_ALR_87012936 – Abschreibungssimulation, Selektion 1

In der Selektionsmaske aus Abbildung 4.21 erweitern Sie durch Klicken auf die Schaltfläche Alle Selektionen die Selektionswerte. Neben dem Bewertungsbereich, der Auswertungsperiode und der Anzeigevariante können noch viele weitere Detaillierungen des Berichts vorgenommen werden. Insbesondere können Sie entscheiden – wie in Abbildung 4.22 gezeigt –, ob die Simulation auf Basis der Anlagenwerte mit Stand vom Geschäftsjahresbeginn erfolgen oder um bereits durchgeführte Abrechnungen in das aktive Anlagevermögen gekürzt werden soll. Die Imsol GmbH nutzt bei ihrer Simulation die zuletzt genannte Variante *Kürze AfA-Simulations-Basis von Planinvestitionen um Aktivierungen*, um die aktuellen Aktivierungen bereits zu berücksichtigen.

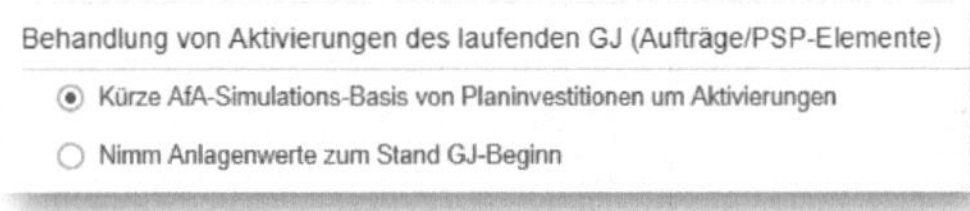

Abbildung 4.22: S_ALR_87012936 – Abschreibungssimulation, Selektion 2

AfA-Simulation – Behandlung von Aktivierungen

Um eine doppelte Berücksichtigung der Werte des laufenden Jahres auszuschließen, sollten Sie unterjährig das Kennzeichen KÜRZE AFA-SIMULATIONS-BASIS VON PLANINVESTITIONEN UM AKTIVIERUNGEN verwenden. Damit werden bis zum Simulationszeitpunkt die echten Abschreibungen berücksichtigt und ab dem Simulationszeitpunkt die Planwerte simuliert.

Neben der Simulationsbasis können Sie auch das BERICHTSDATUM, den BEWERTUNGSBEREICH und die Darstellungstiefe (siehe Abbildung 4.23) auswählen.

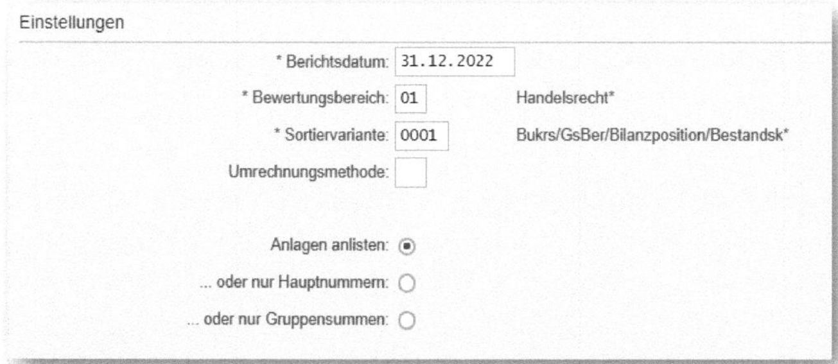

Abbildung 4.23: S_ALR_87012936 – Abschreibungssimulation, Selektion 3

Der ausgeführte Bericht in Abbildung 4.24 zeigt die geplanten Abschreibungswerte für den gewählten Berichtszeitraum.

Abschreibungssimulation

Auswählen | Sichern | ABC | Selektionen... | AV | AV plus

Berichtsdatum: 31.12.2020 Abschreibungssimulation - 01 US-GAAP 1.HW
Erstellungsdatum: 07.02.2018 1

	Obart Objekt	Bezeichnung Absch Normal-AfA Dauer	kum AHK/WBW kum AfA	AHK/WBW 2018 AfA 2018	AHK/WBW 2019 AfA 2019	AHK/WBW 2020 AfA 2020
	Anfor... J.00.01/10	Baumaßnahme GD50 01.01.2018 050/000	0,00 0,00	120.000,00 6.000,00-	270.000,00 13.500,00-	270.000,00 13.500,00-
*	Anlagenklasse 1100		0,00 0,00	120.000,00 6.000,00-	270.000,00 13.500,00-	270.000,00 13.500,00-
**	Bestandskonto AHK 1000		0,00 0,00	120.000,00 6.000,00-	270.000,00 13.500,00-	270.000,00 13.500,00-
	Anlage 200001/0	Investition Maschine 1 LINS 01.01.2018 010/000	0,00 0,00	0,00 0,00	0,00 0,00	0,00 0,00
	Anlage 200002/0	Investition Maschine 2 LINS 01.01.2018 010/000	0,00 0,00	0,00 0,00	0,00 0,00	0,00 0,00
*	Anlagenklasse 2000		0,00 0,00	0,00 0,00	0,00 0,00	0,00 0,00
	Anlage 2000/0	Anlage als Investitionsm... LINS 01.06.2016 010/000	2.000,00 316,67-	2.000,00 200,00-	2.000,00 200,00-	2.000,00 200,00-
*	Anlagenklasse 2100		2.000,00 316,67-	2.000,00 200,00-	2.000,00 200,00-	2.000,00 200,00-
**	Bestandskonto AHK 11000		2.000,00 316,67-	2.000,00 200,00-	2.000,00 200,00-	2.000,00 200,00-
	Anlage 4001/0	Investition 00.00.01 Tes... 0000 01.11.2014 001/000	1.500,00 0,00	1.500,00 0,00	1.500,00 0,00	1.500,00 0,00
	Anlage 4005/0	Investition 04.00.01 MF ...	0,00	0,00	0,00	0,00

Abbildung 4.24: S_ALR_87012936 – Abschreibungssimulation, Ergebnis

AfA-Simulation und Investitionsprofil

Wenn eine Abschreibungssimulation durchgeführt werden soll, muss dem Auftrag oder dem PSP-Element immer ein Investitionsprofil zugeordnet sein. Dieses steuert (wie in Abschnitt 2.1.8 beschrieben) unterschiedliche Vorschlagswerte für die Simulation.

4.6.2 Automatische Buchung der Simulationswerte in der Kostenstellenrechnung

Neben der reinen Simulation können die berechneten Abschreibungen bei Bedarf automatisch an die Kostenrechnung übergeben werden. Bitte rufen Sie hierzu den folgenden Anwendungspfad auf: RECHNUNGSWESEN • CONTROLLING • KOSTENSTELLENRECHNUNG • PLANUNG • PLANUNGSHILFEN • ÜBERNAHMEN • S_ALR_87099918 AFA/ZINSEN AM.

Die Selektionsmaske in Abbildung 4.25 gleicht der des Berichts S_ALR_87012936 (Abschreibungssimulation aktive Anlagen). Der Unterschied liegt darin, dass beim Ausführen des Reports eine Buchung in der Kostenstellenrechnung erzeugt wird. Dieser Report kann zunächst im Testlauf durchgeführt werden.

Nachdem Sie in diesem Kapitel als Teil der Realisierungsphase die Abwicklung von Investitionen kennengelernt haben, schauen wir uns im nächsten Kapitel die Abrechnung der Investitionsmaßnahmen an und betrachten die Integration in die Anlagenbuchhaltung etwas näher.

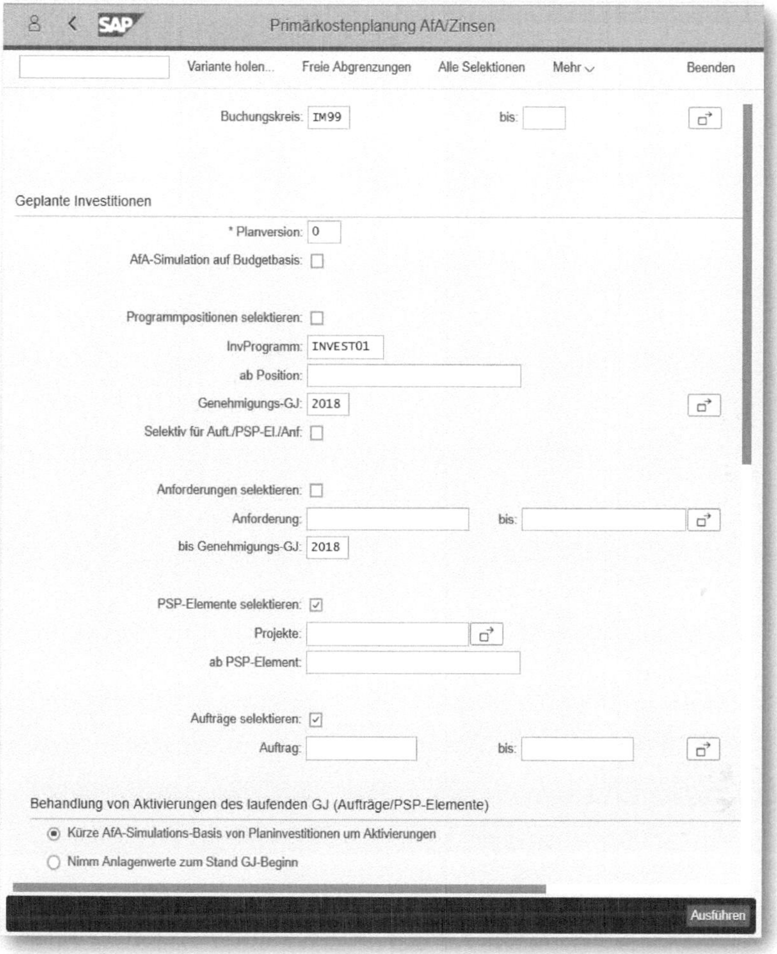

Primärkostenplanung AfA/Zinsen

Variante holen... Freie Abgrenzungen Alle Selektionen Mehr Beenden

Buchungskreis: IM99 bis:

Geplante Investitionen

* Planversion: 0

AfA-Simulation auf Budgetbasis:

Programmpositionen selektieren:

InvProgramm: INVEST01

ab Position:

Genehmigungs-GJ: 2018

Selektiv für Auft./PSP-El./Anf:

Anforderungen selektieren:

Anforderung: bis:

bis Genehmigungs-GJ: 2018

PSP-Elemente selektieren: ☑

Projekte:

ab PSP-Element:

Aufträge selektieren: ☑

Auftrag: bis:

Behandlung von Aktivierungen des laufenden GJ (Aufträge/PSP-Elemente)

◉ Kürze AfA-Simulations-Basis von Planinvestitionen um Aktivierungen

○ Nimm Anlagenwerte zum Stand GJ-Beginn

Ausführen

Abbildung 4.25: Buchungsreport S_ALR_87099918 – AfA/Zinsen AM

5 Investitionsabrechnung

Einen weiteren Aspekt in der Realisierungsphase bildet die Abrechnung der Investitionsmaßnahmen auf Objekte der Anlagenbuchhaltung bzw. der Kostenrechnung. Hierdurch werden die Investitionsmaßnahmen von den bebuchten Werten (Kosten) entlastet. Eine Auswertung der Maßnahmen ist weiterhin möglich, wenn Sie in Ihren Berichten die abgerechneten Werte ausschließen.

Im letzten Kapitel wurden die Investitionsmaßnahmen mit IST-Werten belastet. Doch solange diese IST-Werte auf den Investitionsobjekten stehen, können sie nicht in der Bilanz angezeigt werden, da sie noch als Aufwand dargestellt werden. Daher ist es am Perioden-/Monatsende unabdingbar, die Investitionsmaßnahmen zu entlasten und die Werte an die Kostenrechnung sowie/oder an die Anlagenbuchhaltung auf *Anlagen im Bau* bzw. auf die *fertigen Anlagen* abzurechnen. Die einzelnen Aspekte der Abrechnung werden wir in diesem Kapitel – wieder mithilfe unseres Beispielunternehmens – näher beleuchten.

Die Imsol GmbH möchte je Buchung, d. h. je Einzelposten, entscheiden, wohin der jeweilige Wert abgerechnet werden soll. Hierzu muss eine *einzelpostengenaue Abrechnung* eingestellt werden. Dies erfolgt bereits bei Einrichtung des Investitionsprofils (siehe Abschnitt 2.1.8), wo hinterlegt wird, ob eine summarische oder eine einzelpostengenaue Abrechnung erfolgen soll.

Bei der summarischen Abrechnung kann nur eine summarische Aufteilung der gesamten Belastung oder bestimmter Kostenarten auf die Empfängeranlagen erfolgen. Gleichzeitig ist – im Gegensatz zur einzelpostengenauen Abrechnung – auch der Herkunftsnachweis auf den empfangenden Anlagen nur summarisch bzw. nach Kostenarten möglich. Wie in Abbildung 5.1 zu sehen ist, wurden auf dem PSP-Element drei Einzelposten gebucht:

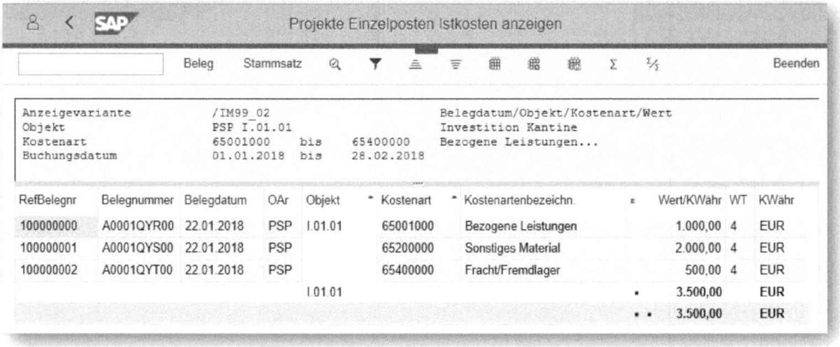

Projekte Einzelposten Istkosten anzeigen

Beleg Stammsatz Beenden

Anzeigevariante	/IM99_02			Belegdatum/Objekt/Kostenart/Wert
Objekt	PSP I.01.01			Investition Kantine
Kostenart	65001000	bis	65400000	Bezogene Leistungen...
Buchungsdatum	01.01.2018	bis	28.02.2018	

RefBelegnr	Belegnummer	Belegdatum	OAr	Objekt	Kostenart	Kostenartenbezeichn.	Σ	Wert/KWähr	WT	KWähr
100000000	A0001QYR00	22.01.2018	PSP	I.01.01	65001000	Bezogene Leistungen		1.000,00	4	EUR
100000001	A0001QYS00	22.01.2018	PSP		65200000	Sonstiges Material		2.000,00	4	EUR
100000002	A0001QYT00	22.01.2018	PSP		65400000	Fracht/Fremdlager		500,00	4	EUR
				I.01.01			•	3.500,00		EUR
							••	3.500,00		EUR

Abbildung 5.1: PS – Bericht Transaktion CJI3, Einzelposten

5.1 Einzelpostengenaue Abrechnung

Die einzelpostengenaue Abrechnung von PSP-Elementen erfolgt mit der Transaktion *CJIC*. Diese finden Sie im Anwendungsmenü unter RECHNUNGSWESEN • PROJEKTSYSTEM • CONTROLLING • PERIODENABSCHLUSS • EINZELFUNKTIONEN • ABRECHNUNG • INVESTITIONSPROJEKT EINZELPOSTEN.

In der Selektionsmaske wählen Sie das entsprechende PSP-Element, wie Abbildung 5.2 zeigt, und klicken dann auf AUSFÜHREN ([F8]).

Es erscheint die Auflistung sämtlicher auf dem PSP-Element gebuchter Einzelposten (siehe Abbildung 5.3).

Diese sind nun über eine sogenannte *Vor- und Endabrechnung* auf die jeweiligen Empfänger zu kontieren. In unserem Beispiel sollen die Kostenart *65001000 – Bezogene Leistungen* auf eine Kostenstelle und die beiden Einzelposten der Kostenarten *65200000 – Sonstiges Material* und *65400000 – Fracht/Fremdlager* auf unterschiedliche fertige Anlagen abgerechnet werden. Hierzu müssen die Vorabrechnung und die Endabrechnung je Einzelposten entsprechend zugeordnet werden.

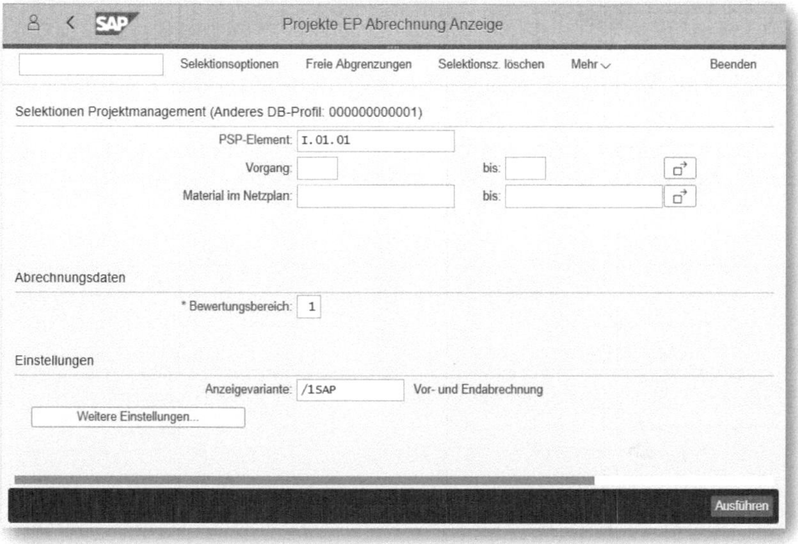

Abbildung 5.2: PS – Transaktion CJIC, Aufteilung Einzelposten-Selektion

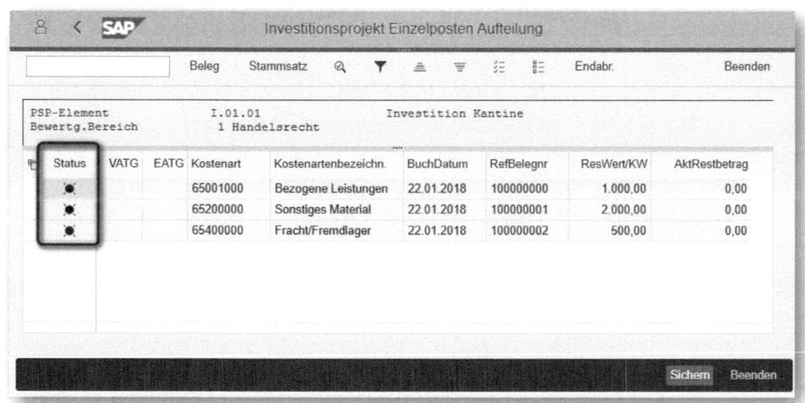

Status	VATG	EATG	Kostenart	Kostenartenbezeichn.	BuchDatum	RefBelegnr	ResWert/KW	AktRestbetrag
			65001000	Bezogene Leistungen	22.01.2018	100000000	1.000,00	0,00
			65200000	Sonstiges Material	22.01.2018	100000001	2.000,00	0,00
			65400000	Fracht/Fremdlager	22.01.2018	100000002	500,00	0,00

Abbildung 5.3: PS – Transaktion CJIC, Aufteilung Einzelposten

5.1.1 Vorabrechnung

Markieren Sie den jeweiligen Einzelposten und ordnen Sie ihm über BEARBEITEN • VORABRECHNUNG • AUFTEILUNGSREGEL ERFASSEN die entsprechende Kontierung oder auch die sogenannte *Abrechnungsvorschrift* (siehe Abbildung 5.4) für die Vorabrechnung zu.

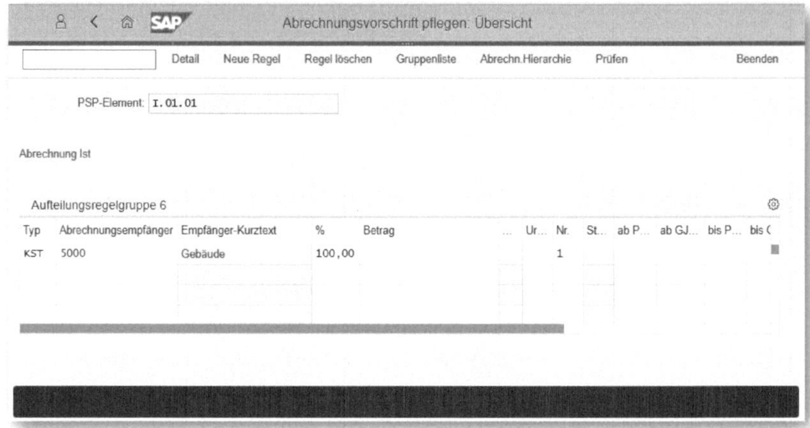

Abbildung 5.4: PS – Transaktion CJIC, Vorabrechnung an Kostenstelle

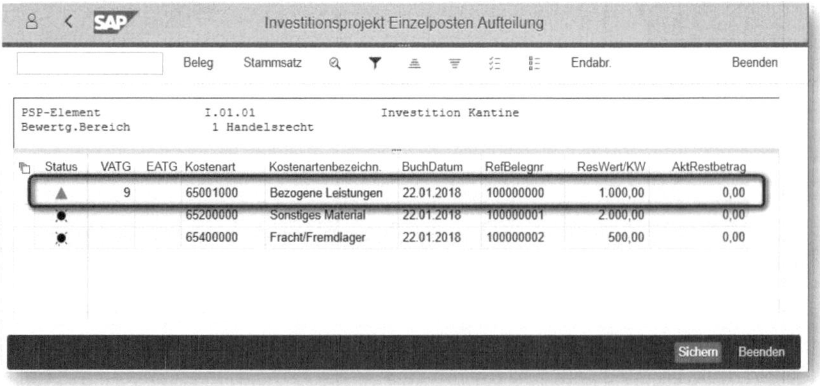

Investitionsprojekt Einzelposten Aufteilung

Beleg Stammsatz Endabr. Beenden

PSP-Element I.01.01 Investition Kantine
Bewertg.Bereich 1 Handelsrecht

Status	VATG	EATG	Kostenart	Kostenartenbezeichn.	BuchDatum	RefBelegnr	ResWert/KW	AktRestbetrag
▲	9		65001000	Bezogene Leistungen	22.01.2018	100000000	1.000,00	0,00
			65200000	Sonstiges Material	22.01.2018	100000001	2.000,00	0,00
			65400000	Fracht/Fremdlager	22.01.2018	100000002	500,00	0,00

Sichern Beenden

Abbildung 5.5: PS – Transaktion CJIC, Vorabrechnung, Übersicht

Soll der Einzelposten in der Vorabrechnung auf eine AiB erfolgen, so ist hier kein Eintrag zu hinterlegen. Das SAP-System ermittelt die Anlage im Bau über die Stammdaten des PSP-Elements. In Abbildung 5.5 wird die Sicht der Aufteilung nach Erfassung der Vorabrechnung dargestellt.

5.1.2 Endabrechnung

Auch im Fall der Endabrechnung sind je Einzelposten die entsprechenden Empfänger zu hinterlegen. Bei der Abrechnung an einen Kostensammler muss es der gleiche Kostensammler wie bei der Vorabrechnung sein. Zur Aktivierung, d. h. Abrechnung an die Anlagenbuchhaltung, ist je Einzelposten die entsprechende fertige Anlage zu hinterlegen.

Markieren Sie erneut die jeweiligen Einzelposten und ordnen Sie ihnen über BEARBEITEN • ENDABRECHNUNG • AUFTEILUNGSREGEL ERFASSEN die entsprechende Kontierung für die Endabrechnung zu: ein Einzelposten zur Anlage *200004* (siehe Abbildung 5.6) und der andere zur Anlage *200003* (siehe Abbildung 5.7).

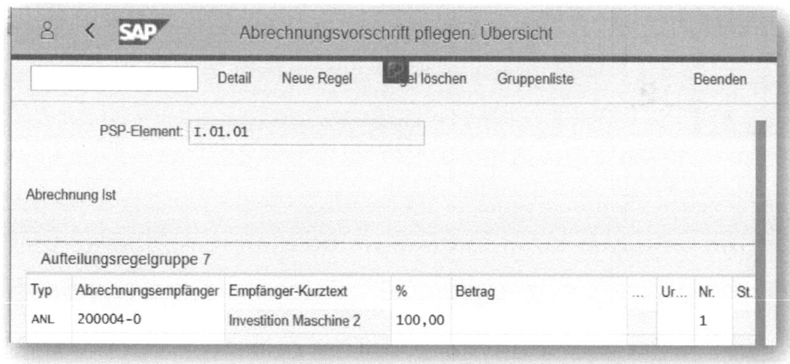

Abbildung 5.6: PS – Transaktion CJIC, Endabrechnung, Einzelposten 1

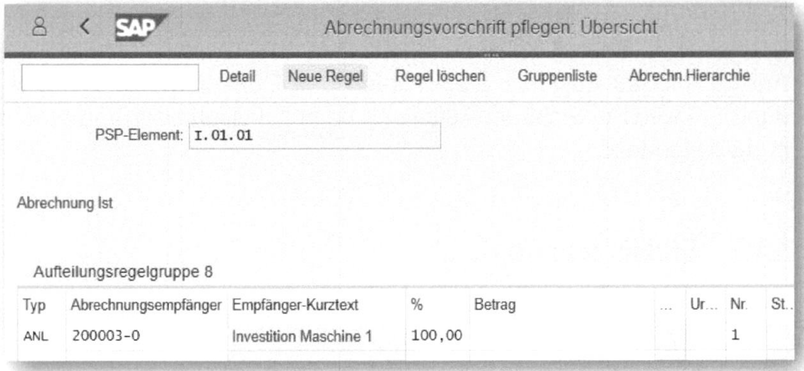

Abbildung 5.7: PS – Transaktion CJIC, Endabrechnung, Einzelposten 2

In Abbildung 5.8 wird die Sicht der Aufteilung nach Erfassung der Endabrechnung dargestellt.

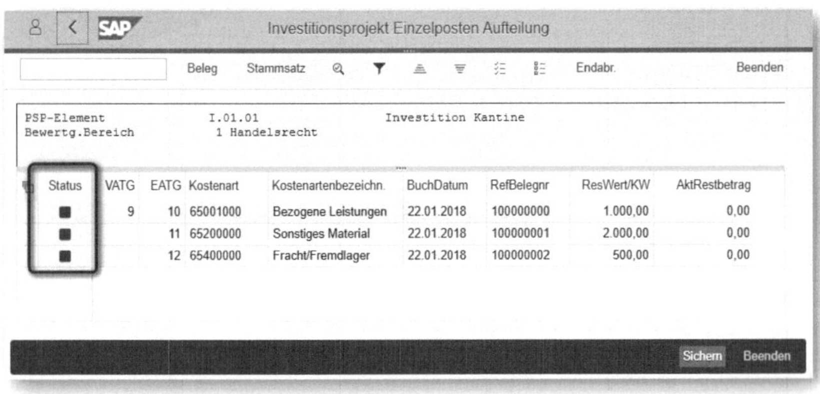

Abbildung 5.8: PS – Transaktion CJIC, Endabrechnung, Übersicht

Bevor nun die Abrechnung der Werte auf der Investitionsmaßnahme durchgeführt werden kann, schauen wir uns zunächst noch das *Abrechnungsschema*, das *Ursprungsschema* und das *Abrechnungsprofil* an.

GuV oder Bilanz?

Die Entscheidung, ob Werte auf einer Investitionsmaßnahme als Aufwand in die GuV oder in die Bilanz abgerechnet werden sollen, muss vor der ersten Abrechnung erfolgen. Alle Werte, die auf einer AiB »landen«, können nur an eine fertige Anlage abgerechnet werden, nicht aber an einen Kostensammler.

Verzicht auf einzelpostengenaue Abrechnung

Sollen alle Einzelposten einer Investitionsmaßnahme an die Anlagenbuchhaltung abgerechnet werden, so kann auf die einzelpostengenaue Aufteilung in der Vorabrechnung verzichtet werden.

5.2 Abrechnungsschema

Im Abrechnungsschema, auch *Verrechnungsschema* genannt, werden die Abrechnungszuordnungen festgelegt, d. h. die Bedingungen, unter denen abgerechnet werden soll. Zur Einrichtung des Abrechnungsschemas rufen Sie im Customizing-Menü bitte folgenden Pfad auf: PROJEKTSYSTEM • KOSTEN • AUTOMATISCHE UND PERIODISCHE VERRECHNUNGEN • ABRECHNUNGSPROFILE • ABRECHNUNGSSCHEMA ANLEGEN.

Für die Imsol GmbH wurde das Schema *ZI – Imsol GmbH Abrechnung Invest* eingerichtet (siehe Abbildung 5.9).

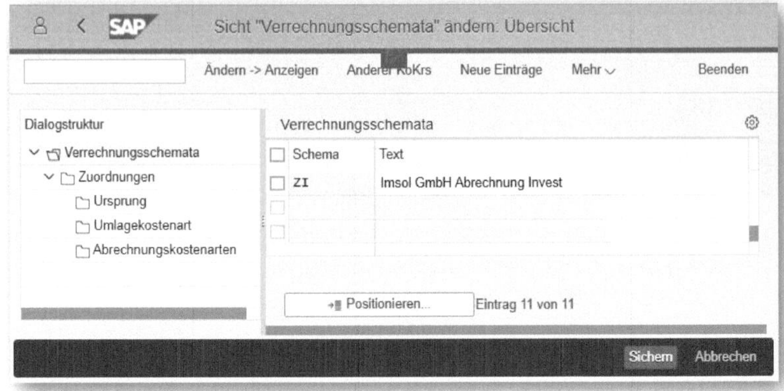

Abbildung 5.9: PS – Abrechnungsschema ZI

Über den Punkt ZUORDNUNGEN im linken Menübaum gelangen Sie zu den einzelnen Zuordnungen. Für die Imsol GmbH werden gemäß Abbildung 5.10 zwei Zuordnungen eingerichtet: eine für die innerbetriebliche Leistungsverrechnung (*020*) und eine für alle weiteren Kosten (*010*).

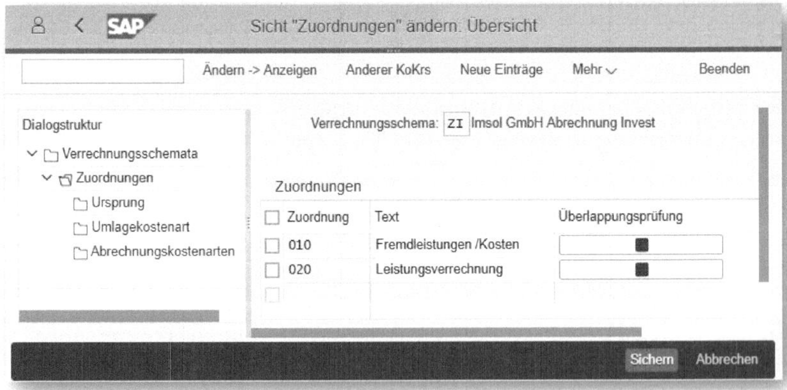

Abbildung 5.10: PS – Abrechnungsschema ZI, Zuordnungen

Je Zuordnung wird nun bestimmt, welche Kostenart (auch *Ursprung* genannt) bzw. -arten unter welcher Abrechnungskostenart an welchen Empfängertyp (z. B. Anlage, Kostenstelle, Auftrag etc.) abgerechnet werden sollen. Der Zusammenhang zwischen Abrechnungskostenart und Empfängertyp wird unter ABRECHNUNGSKOSTENARTEN hinterlegt.

Im Rahmen der Zuordnung können Kostenartengruppen wie bei der Zuordnung *Fremdleistung/Kosten* (Abbildung 5.11) oder auch einzelne Kostenarten oder Kostenartenintervalle wie bei der Zuordnung *Leistungsverrechnung* (Abbildung 5.12) hinterlegt werden.

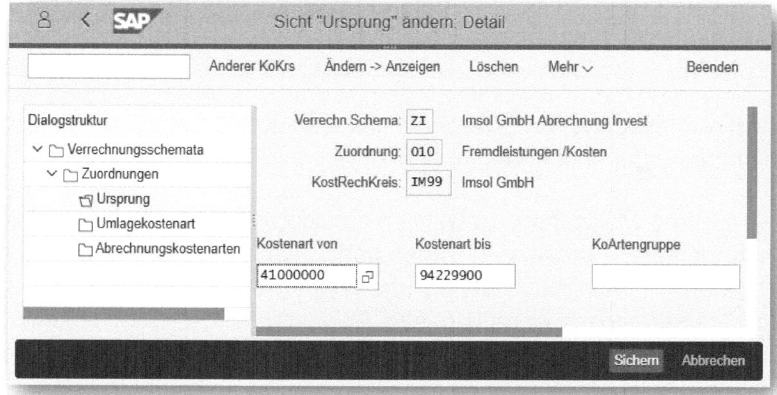

Abbildung 5.11: PS – Abrechnungsschema ZI, Ursprung 010

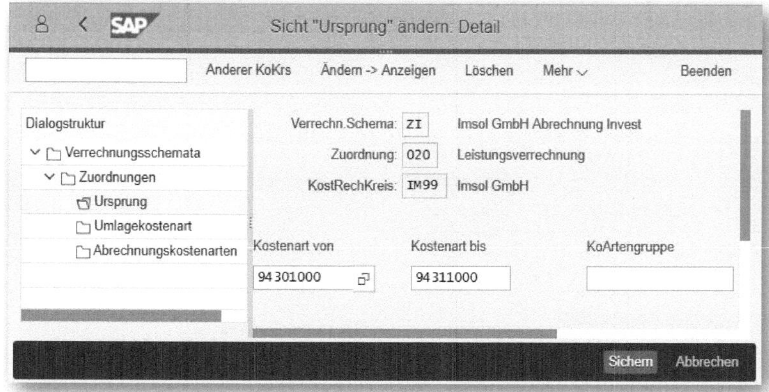

Abbildung 5.12: PS – Abrechnungsschema ZI, Ursprung 020

Arbeiten mit Kostenartengruppen

Im Rahmen der Zuordnung des Ursprungs sollten Sie grundsätzlich mit Kostenartengruppen arbeiten. Diese können vom Anwender direkt gepflegt werden. Ansonsten entspricht die Änderung eines Abrechnungsschemas immer gleich einer Customizing-Einstellung und muss mit einem Transportauftrag in das Produktivsystem gebracht werden.

Für die Festlegung der Abrechnungskostenart ist zu unterscheiden, ob primäre oder sekundäre Kosten abgerechnet werden.

Die auf der Maßnahme gebuchten FREMDLEISTUNGEN/KOSTEN sind Werte primärer Kostenarten. Diese haben ein entsprechendes Sachkonto in der Finanzbuchhaltung und können daher KOSTENARTENGERECHT abgerechnet werden (siehe Abbildung 5.13). Das bedeutet, dass die Belastungen auf der Investitionsmaßnahme mit der gleichen Kostenart entlastet werden.

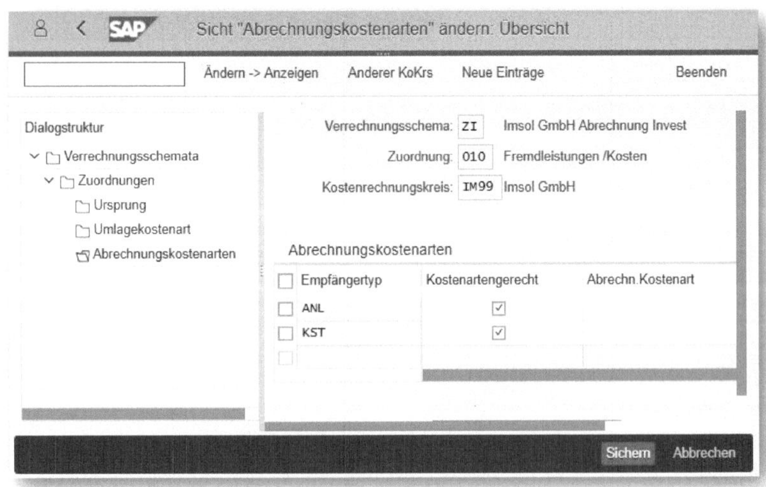

Abbildung 5.13: PS – Verrechnungsschema ZI, Abrechnungskostenarten für Zuordnung 010

Bei der Abrechnung der innerbetrieblichen LEISTUNGSVERRECHNUNG an die Anlagenbuchhaltung (siehe Abbildung 5.14) kann nicht mit der kostenartengerechten Abrechnung gearbeitet werden, da es sich hier um sekundäre Kostenarten handelt. Diese haben kein entsprechendes Sachkonto in der Buchhaltung, sodass eine »Weiterleitung« der Werte nicht stattfinden kann.

In diesem Fall ist eine entsprechende Abrechnungskostenart zu hinterlegen. Diese muss zuvor über die Transaktion *FS00* als SACHKONTO in der Finanzbuchhaltung angelegt und auf dem Reiter STEUERUNGSDATEN mit Kostenartentyp *22 – Abrechnung extern* eingerichtet worden sein (siehe Abbildung 5.15). Bei der Abrechnung erfolgt nun eine Entlastung der Investitionsmaßnahme mit der primären Abrechnungskostenart (sekundäre Belastungskostenart und primäre Entlastungskostenart haben dann den Saldo »0«).

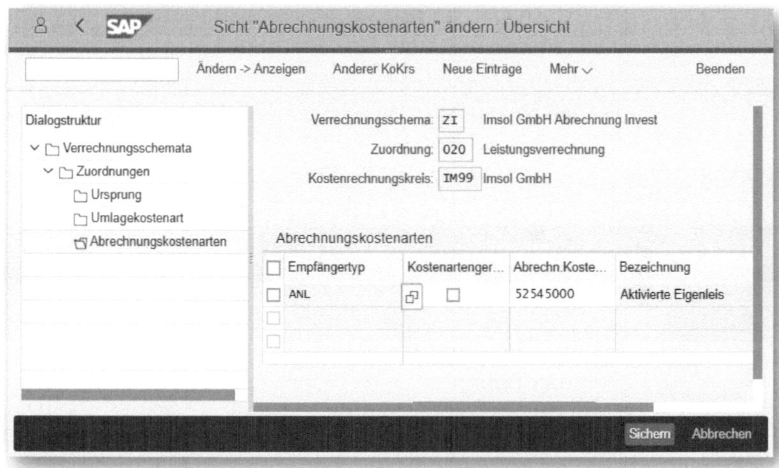

Abbildung 5.14: PS – Verrechnungsschema ZI, Abrechnungskostenarten für Zuordnung 020

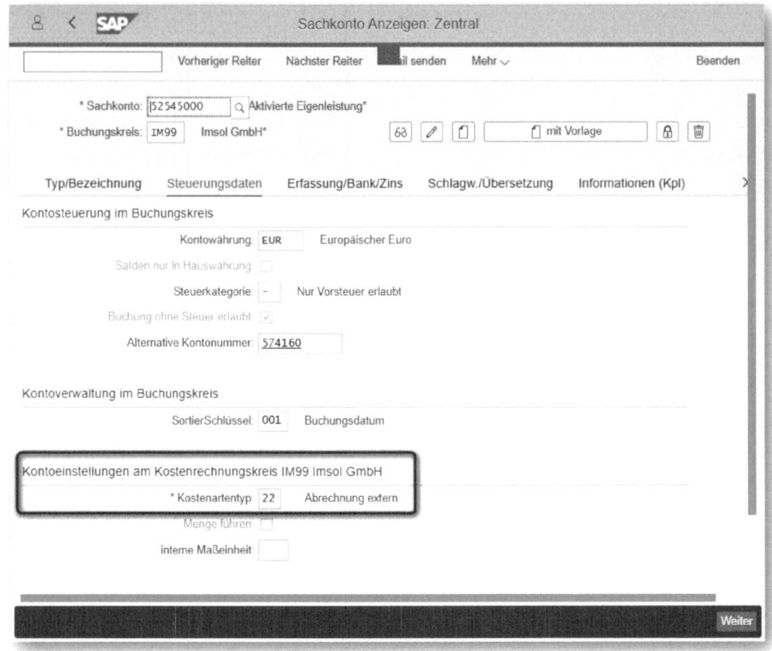

Abbildung 5.15: FI – Transaktion FS00, Kostenartentyp

Auswertung der Maßnahme

Da nach Abrechnung einer Maßnahme der Saldo auf dieser Maßnahme gleich »0« ist, lassen sich mit Standardberichten die ursprünglichen Belastungen nicht ohne Weiteres zeigen. Daher empfiehlt es sich, hier mit den sogenannten *freien Abgrenzungen* zu arbeiten und z. B. den *Vorgang* oder das *Belastungskennzeichen* auszuwerten.

Soll eine Investitionsmaßnahme nicht zu einhundert Prozent an die Anlagenbuchhaltung abgerechnet werden, so ist das sogenannte *Ursprungsschema* zu nutzen.

5.3 Ursprungsschema

Das SAP-System prüft im Rahmen der Abrechnung, ob alle Kostenarten, mit dem eine Investitionsmaßnahme belastet wurde, im Abrechnungsschema vorhanden sind. Ist dies nicht der Fall, so kann die Abrechnung nicht ausgeführt werden. Hier kommt das Ursprungsschema zum Einsatz.

Dieses umfasst mehrere Ursprungszuordnungen: In einer Zuordnung werden diejenigen Belastungskostenarten zusammengefasst, die nach den gleichen Aufteilungsregeln abgerechnet werden. Zur Einrichtung des Ursprungsschemas rufen Sie im Customizing-Menü bitte folgenden Pfad auf: PROJEKTSYSTEM • KOSTEN • AUTOMATISCHE UND PERIODISCHE VERRECHNUNGEN • ABRECHNUNGSPROFILE • URSPRUNGSSCHEMA ANLEGEN.

Für die Imsol GmbH wurde das Schema *ZI – Imsol GmbH (Ursprungsschema)* eingerichtet (siehe Abbildung 5.16).

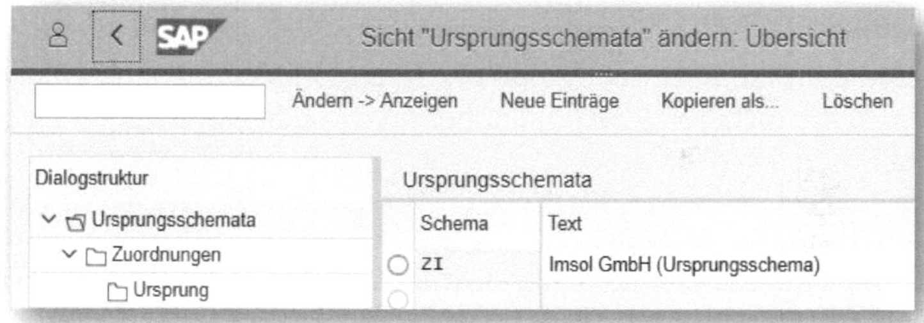

Abbildung 5.16: PS – Ursprungsschema ZI

In einem zweiten Schritt werden die Zuordnungen definiert. Hierzu markieren Sie bitte das entsprechende Schema und klicken auf ZUORDNUNGEN. Bei der Imsol GmbH werden drei Zuordnungen unterschieden:

- 10 – Abrechnen Kosten,
- 20 – Abrechnen ILV,
- 30 – nicht abrechnen.

In einem dritten Schritt muss für die einzelnen Zuordnungen ein Ursprung hinterlegt werden. Entscheidend ist dabei die Zuordnung NICHT ABRECHNEN. In dieser werden alle Kostenarten hinterlegt, die nicht abgerechnet werden sollen (siehe Abbildung 5.17). Hierzu markieren Sie bitte die entsprechende Zuordnung und klicken auf URSPRUNG.

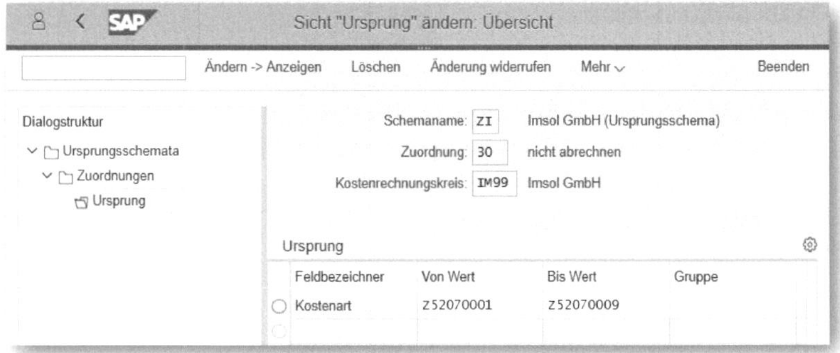

Abbildung 5.17: PS – Ursprungsschema ZI, Ursprung nicht abrechnen

Die Zusammenführung aller Schemata erfolgt im Abrechnungsprofil, das wir uns im nächsten Abschnitt näher anschauen wollen.

5.4 Abrechnungsprofil

Im *Abrechnungsprofil* werden weitere Steuerungsparameter der Abrechnung, wie z. B. erlaubte Empfänger oder die Art der Abrechnung (vollständige oder nur Teilabrechnung), hinterlegt. Das Abrechnungsprofil (siehe Abbildung 5.18) ist Voraussetzung dafür, dass später im Stammsatz der Investitionsmaßnahme eine Abrechnungsvorschrift erfasst werden kann. Zur Einrichtung des Abrechnungsprofil rufen Sie im Customizing-Menü bitte folgenden Pfad auf: PROJEKTSYSTEM • KOSTEN • AUTOMATISCHE UND PERIODISCHE VERRECHNUNGEN • ABRECHNUNGSPROFILE • ABRECHNUNGSPROFIL ANLEGEN.

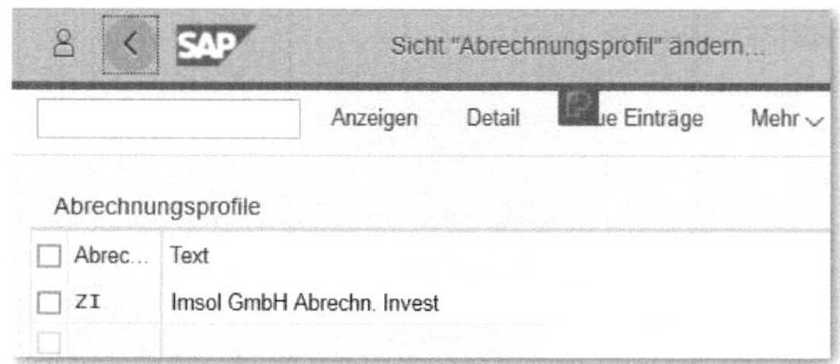

Abbildung 5.18: PS – Abrechnungsprofil ZI

Durch einen Doppelklick auf das Abrechnungsprofil gelangen Sie in die Detailsicht und können dort (siehe Abbildung 5.19) die wesentlichen Steuerungsparameter der Abrechnung hinterlegen, beispielsweise:

- Umfang der Abrechnung (Ist-Kosten/Kosten des Umsatzes),
- Vorschlagswerte (Abrechnungsschema, Ursprungsschema usw.),
- Kennzeichen,
- Erlaubte Empfänger.

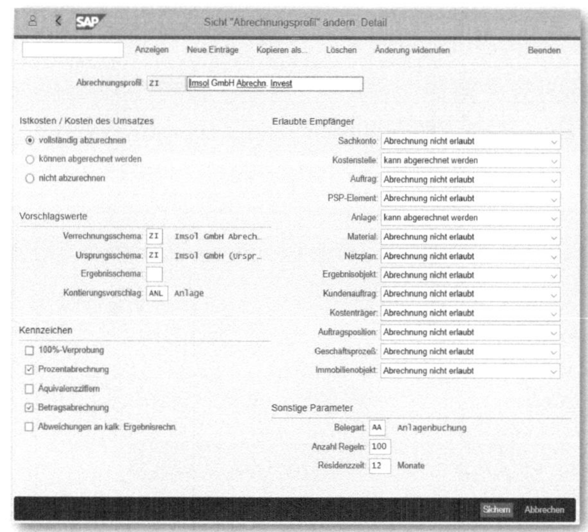

Abbildung 5.19: PS – Abrechnungsprofil ZI, Detailsicht

Die erarbeitete Konfiguration der Abrechnung muss abschließend noch in den Stammdaten der Investitionsmaßnahme hinterlegt werden.

5.5 Hinterlegung der Abrechnungsparameter im PSP-Element

Über die schon bekannte Transaktion *CJ02* können die im PSP-Element hinterlegten bzw. über das Projektprofil automatisch eingesteuerten PARAMETER geändert werden (siehe Abbildung 5.20). Um zur Einstellung der Abrechnungsparameter zu gelangen, müssen Sie zunächst die Abrechnungsvorschrift des betroffenen PSP-Elements aufrufen und dann über SPRINGEN • ABRECHNUNGSPARAMETER die gewünschten Daten hinterlegen.

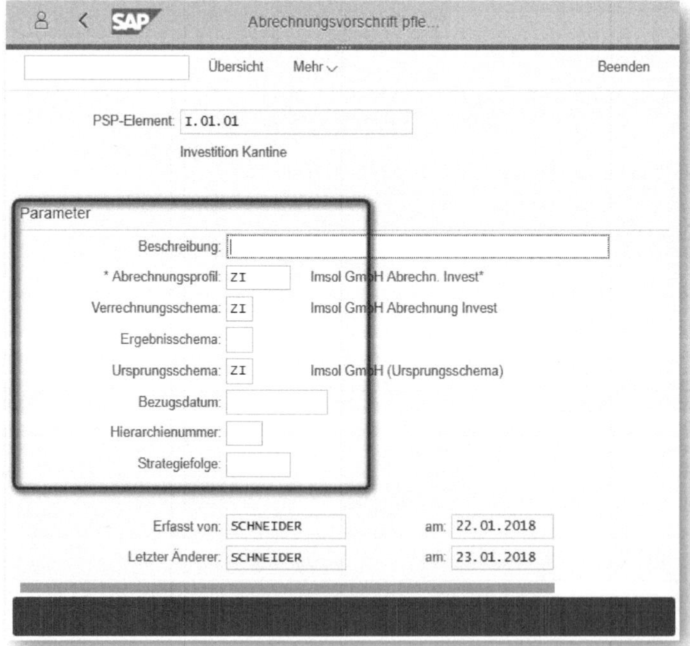

Abbildung 5.20: PS – Abrechnungsparameter im PSP-Element

Automatische Zuordnung der Abrechnungsparameter

Durch Hinterlegung des Abrechnungsprofils im Projektprofil werden die gesamten Abrechnungsparameter beim Anlegen des Projekts bzw. der PSP-Elemente automatisch zugeordnet.

Nachdem die Abrechnung konfiguriert und die Stammdaten im PSP-Element angepasst wurden, kann die Investitionsmaßnahme auf die in der Abrechnungsvorschrift hinterlegten Empfänger (Kostenstelle und Anlagen) abgerechnet werden.

5.6 Durchführung der Abrechnung

Zur Durchführung der Abrechnung rufen Sie im Anwendungs-Menü bitte folgenden Pfad auf: RECHNUNGSWESEN • PROJEKTSYSTEM • CONTROLLING • PERIODENABSCHLUSS • EINZELFUNKTIONEN • ABRECHNUNG • CJ88 EINZELVERARBEITUNG.

Es öffnet sich eine Eingabemaske (siehe Abbildung 5.21), in der Sie die abzurechnende Investitionsmaßnahme sowie weitere Parameter wie die ABRECHNUNGSPERIODE und das GESCHÄFTSJAHR hinterlegen können. Zusätzlich können Sie ein BEZUGSDATUM definieren, das dann als Wertstellungsdatum für die Anlagenbuchhaltung dient. In dieser Maske legen Sie auch die *Verarbeitungsart*, d. h. die Art der Entlastung der Investitionsmaßnahme fest.

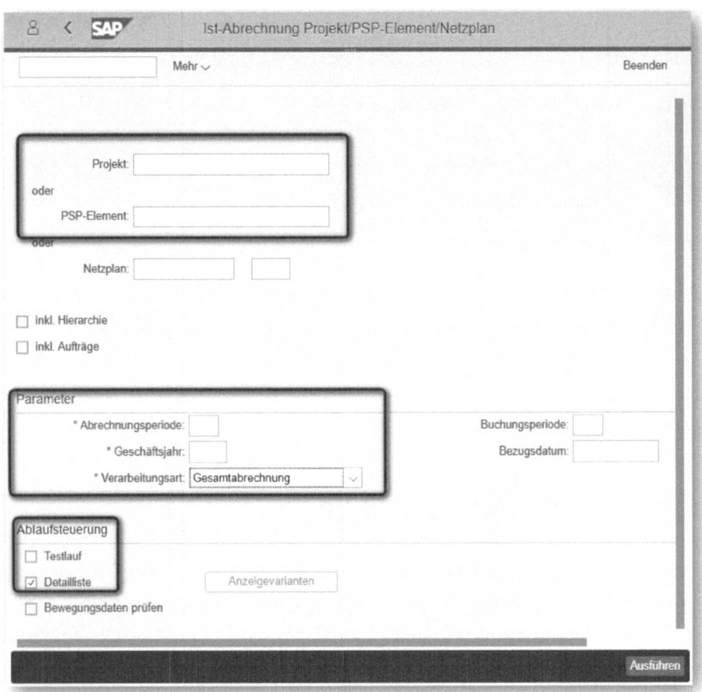

Abbildung 5.21: PS – TA CJ88, Einzelpostenabrechnung »Gesamtabrechnung«

Sie können im Rahmen der Investitionsabwicklung unter folgenden Verarbeitungsarten wählen:

- Automatisch,
- Periodisch,
- Teilaktivierung,
- Gesamtabrechnung.

Bei der *automatischen* wie auch bei der *periodischen Abrechnung* werden zum einen die Werte der Investitionsmaßnahme an die Anlage im Bau und zum anderen alle Werte/Einzelposten, die in der Aufteilungsregel die Abrechnungsart VOR haben, an die Kostenstelle abgerechnet.

Die Verarbeitungsart *Teilaktivierung* wird verwendet, wenn nur ein Teil der Gesamtkosten an fertige Anlagen abgerechnet werden soll.

Ist die Investitionsmaßnahme abgeschlossen, so kommt die Verarbeitungsart *Gesamtabrechnung* zum Einsatz. Alle noch verbleibenden Werte der Maßnahme und der Anlage im Bau werden nun an die fertige Anlage abgerechnet.

5.6.1 Abrechnung an Anlage im Bau

Zunächst rechnen wir, wie in Abbildung 5.22 gezeigt, die Investitionsmaßnahme mit der Verarbeitungsart *Automatisch* an die Anlage im Bau ab.

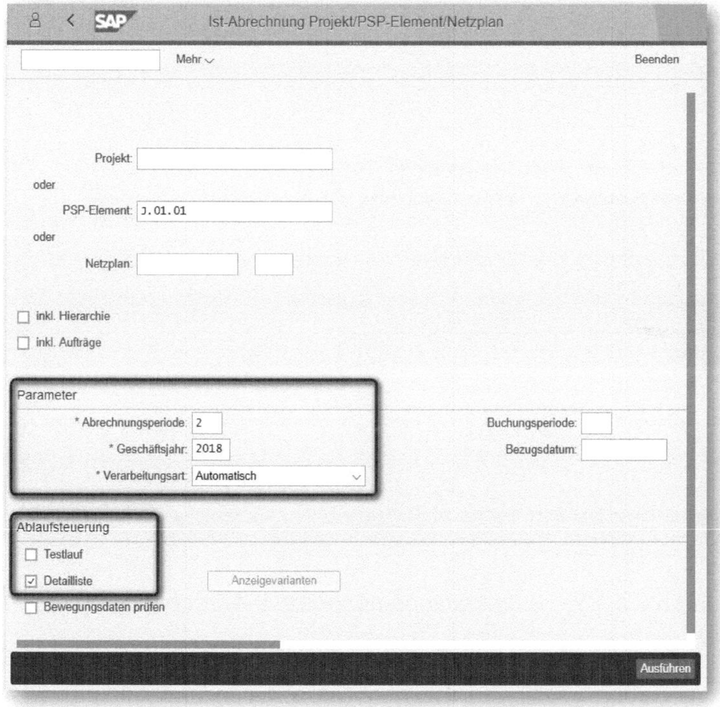

Abbildung 5.22: PS – TA CJ88, Einzelpostenabrechnung Abrechnungsart »automatisch«

Das Protokoll und die Detailliste geben Auskunft über das Ergebnis der Abrechnung (siehe Abbildung 5.23). Die Empfänger werden aus den in den Einzelposten hinterlegten Abrechnungsvorschriften ermittelt, wobei die Anlage im Bau aus den Stammdaten des PSP-Elements abgeleitet wird.

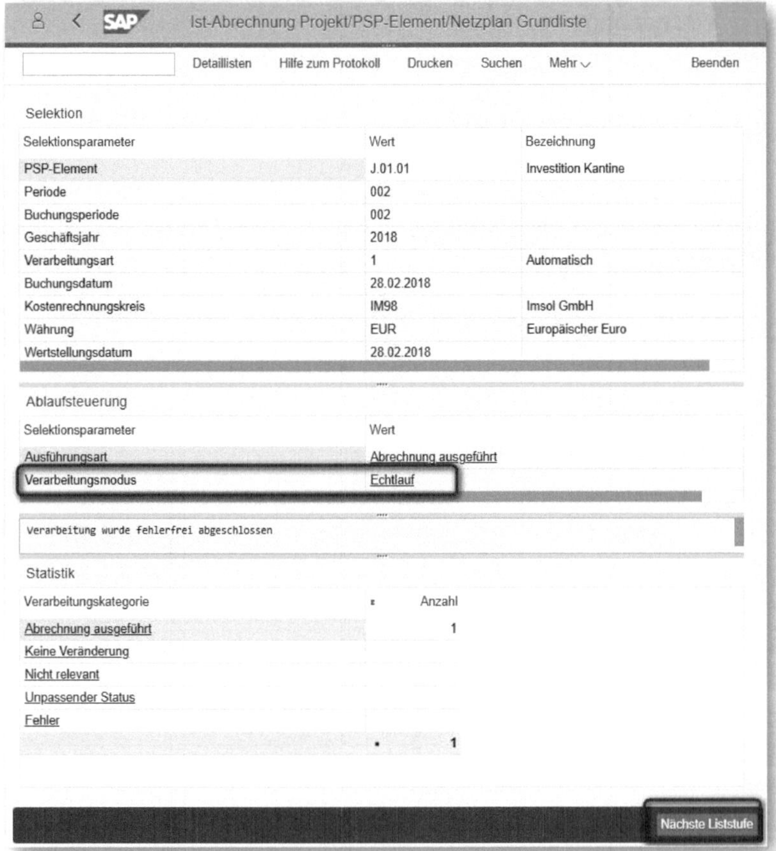
Ist-Abrechnung Projekt/PSP-Element/Netzplan Grundliste

Detaillisten Hilfe zum Protokoll Drucken Suchen Mehr Beenden

Selektion

Selektionsparameter	Wert	Bezeichnung
PSP-Element	J.01.01	Investition Kantine
Periode	002	
Buchungsperiode	002	
Geschäftsjahr	2018	
Verarbeitungsart	1	Automatisch
Buchungsdatum	28.02.2018	
Kostenrechnungskreis	IM98	Imsol GmbH
Währung	EUR	Europäischer Euro
Wertstellungsdatum	28.02.2018	

Ablaufsteuerung

Selektionsparameter	Wert
Ausführungsart	Abrechnung ausgeführt
Verarbeitungsmodus	Echtlauf

Verarbeitung wurde fehlerfrei abgeschlossen

Statistik

Verarbeitungskategorie	Σ	Anzahl
Abrechnung ausgeführt		1
Keine Veränderung		
Nicht relevant		
Unpassender Status		
Fehler		
	•	1

Nächste Liststufe

Abbildung 5.23: PS – automatische/periodische Abrechnung, Protokoll

Über den Button Nächste Liststufe gelangen Sie auf die in Abbildung 5.24 gezeigte Detailliste zur Abrechnung.

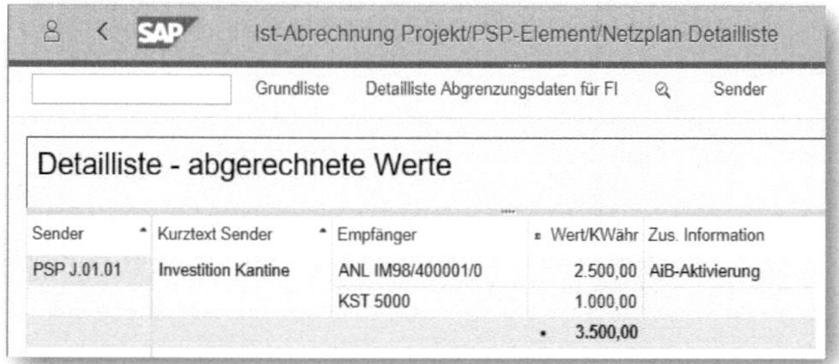

Abbildung 5.24: PS – automatische/periodische Abrechnung, Detailliste

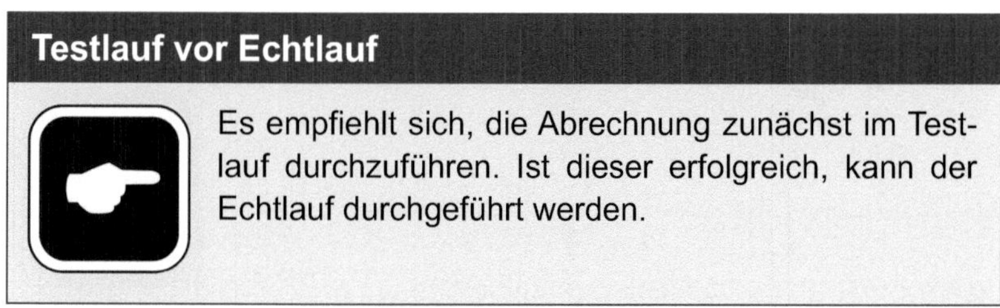

Testlauf vor Echtlauf

Es empfiehlt sich, die Abrechnung zunächst im Testlauf durchzuführen. Ist dieser erfolgreich, kann der Echtlauf durchgeführt werden.

Nach Abrechnung der Investitionsmaßnahme wird die Abrechnungsvorschrift (für die Abrechnung) an Anlage im Bau vom SAP-System im PSP-Element (Transaktion *CJ03*) automatisch eingetragen (siehe Abbildung 5.25).

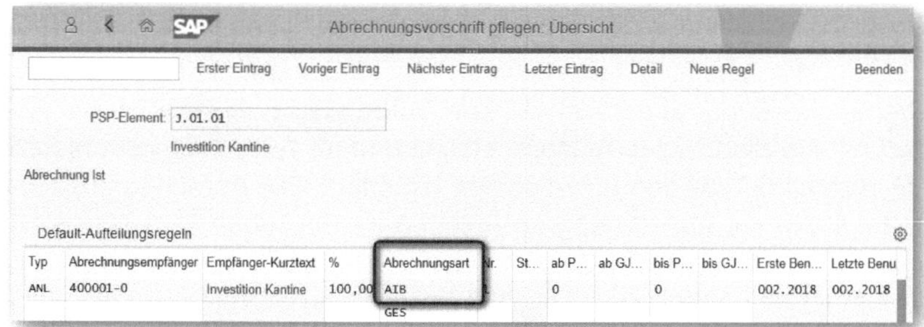

Abbildung 5.25: PS – automatische Abrechnungsvorschrift

Über die Transaktion *AW01N* (RECHNUNGSWESEN • FINANZWESEN • ANLAGEN • ANLAGE • AW01N – ASSET EXPLORER) können Sie, gemäß

Abbildung 5.26, die Belastung der Anlage im Bau in Höhe von *2.500,00 EUR* erkennen.

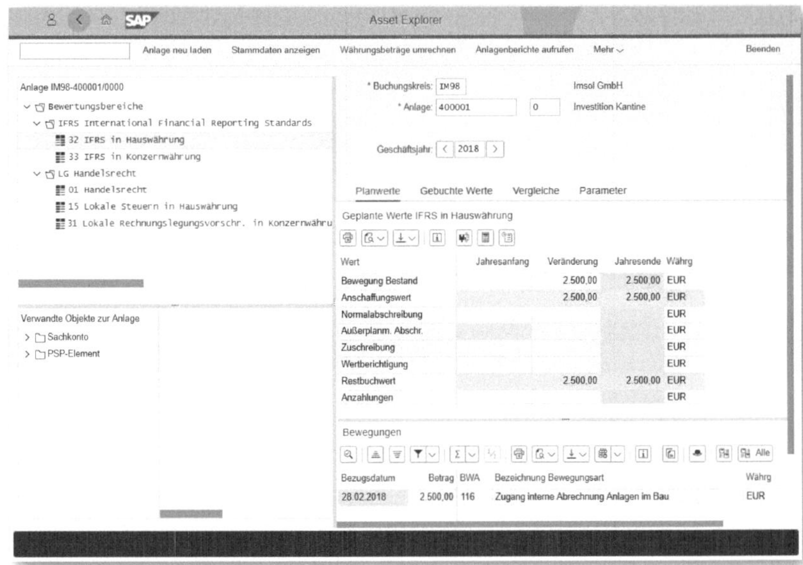

Abbildung 5.26: FI-AA – Werte auf der Anlage im Bau, automatisch/periodisch

5.6.2 Abrechnung an fertige Anlage

Sobald die Anlage fertiggestellt ist, wird diese komplett an die Anlagenbuchhaltung abgerechnet. Zur Vorbereitung hatten wir in Abschnitt 4.5 die fertigen Anlagen erstellt und als Abrechnungsvorschrift (Abschnitt 5.1) in den Einzelposten hinterlegt. Die Abrechnung selbst erfolgt wie die Abrechnung an Anlagen im Bau über RECHNUNGSWESEN • PROJEKTSYSTEM • CONTROLLING • PERIODENABSCHLUSS • EINZELFUNKTIONEN • ABRECHNUNG • CJ88 EINZELVERARBEITUNG. Bei der Endabrechnung auf »fertige Anlage« wählen Sie, wie in Abbildung 5.27 dargestellt, die Verarbeitungsart *Gesamtabrechnung*.

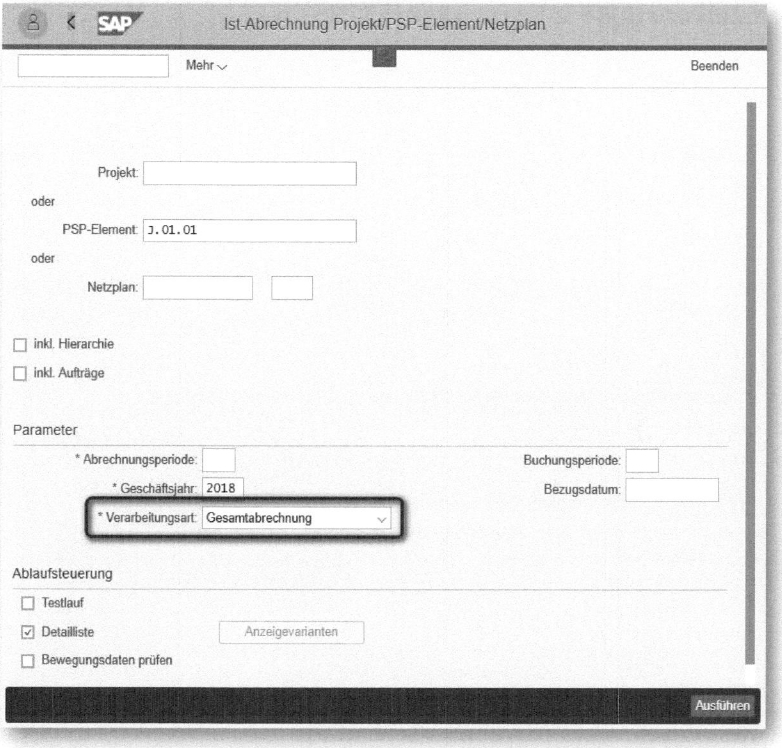

Abbildung 5.27: PS – TA CJ88, Einzelpostenabrechnung, Gesamtabrechnung

Wie bei der Vorabrechnung, so geben auch hier das Protokoll und die Detailliste Auskunft über das Ergebnis der Abrechnung (siehe Abbildung 5.28).

Die Empfänger werden aus den in den Einzelposten hinterlegten Abrechnungsvorschriften ermittelt, wobei die Anlage im Bau aus den Stammdaten des PSP-Elements abgeleitet wird.

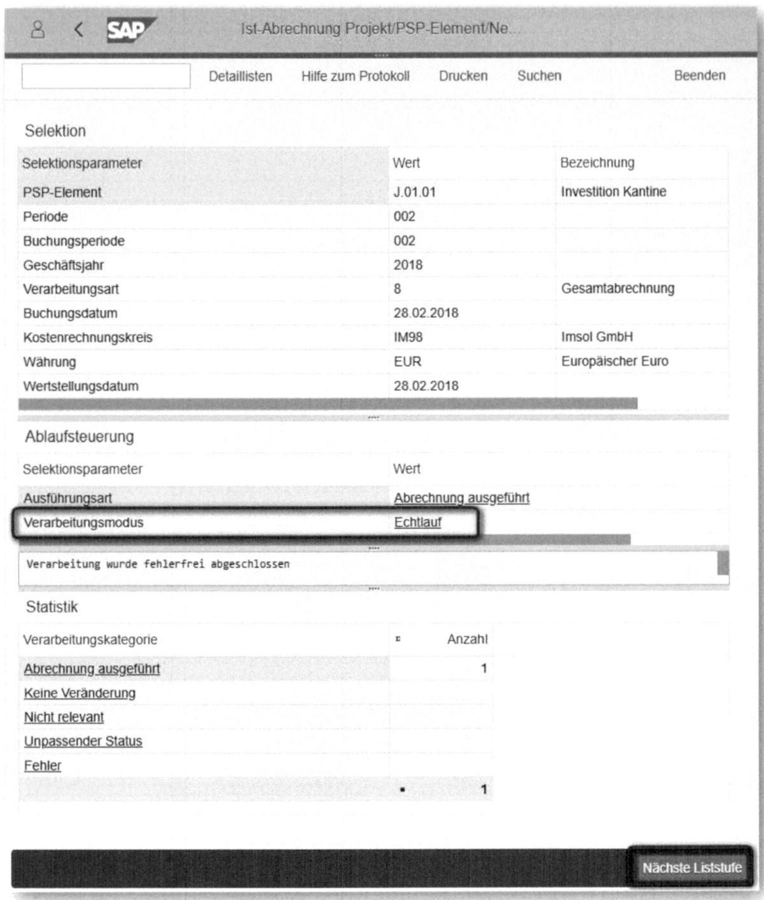

Abbildung 5.28: PS – Abrechnung Protokoll, Gesamtabrechnung

Über den Button Nächste Liststufe gelangen Sie auf die Detailliste zur Abrechnung (siehe Abbildung 5.29).

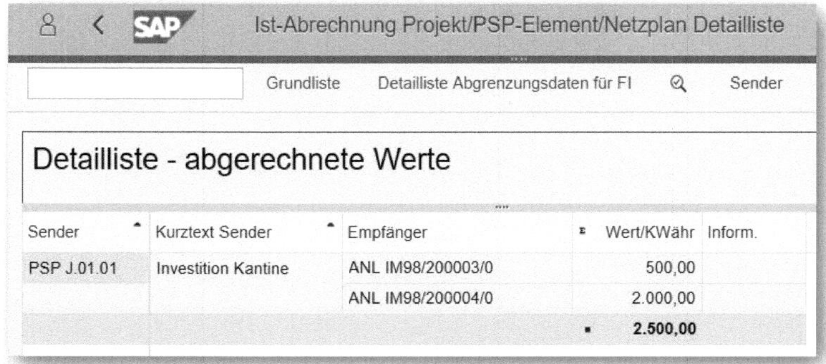

Abbildung 5.29: PS – Abrechnung Detailliste, Gesamtabrechnung

Hier ist zu erkennen, dass keine Abrechnung an eine Kostenstelle erfolgt, da dies schon mit der Vorabrechnung geschehen ist. Die Werte werden an die in den Einzelposten hinterlegten fertigen Anlagen abgerechnet.

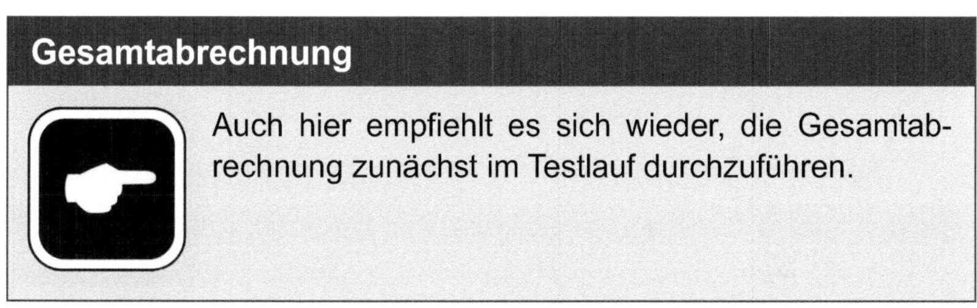

Gesamtabrechnung

Auch hier empfiehlt es sich wieder, die Gesamtabrechnung zunächst im Testlauf durchzuführen.

Nach erfolgter Abrechnung ist die Anlage im Bau, wie in Abbildung 5.30 zu erkennen, wieder entlastet, und die Werte befinden sich auf den fertigen Anlagen *200003* und *200004* (siehe Abbildung 5.31 und Abbildung 5.32).

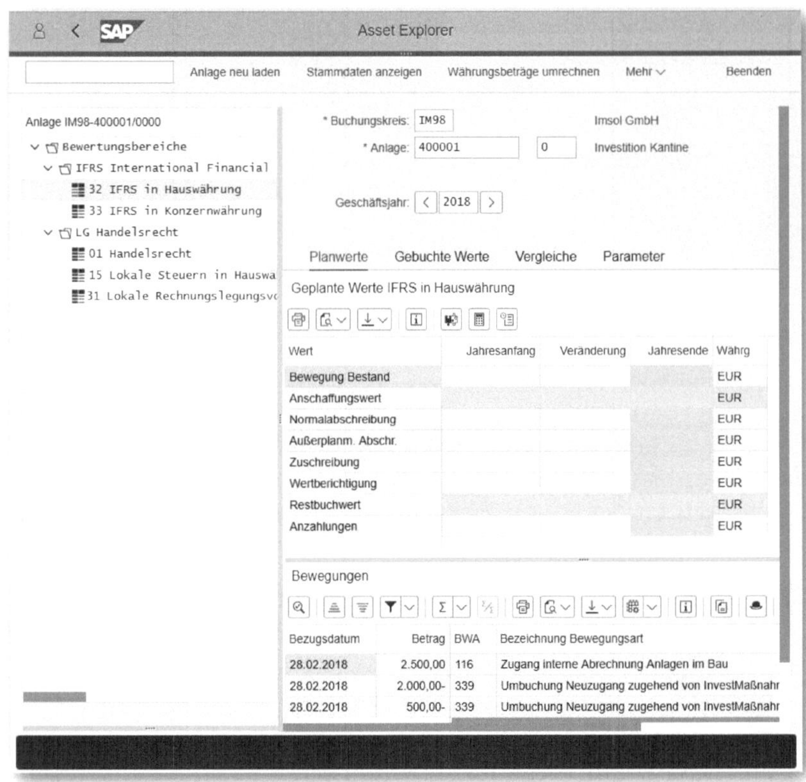

Abbildung 5.30: FI-AA – Werte auf der Anlage im Bau, nach der Gesamtabrechnung

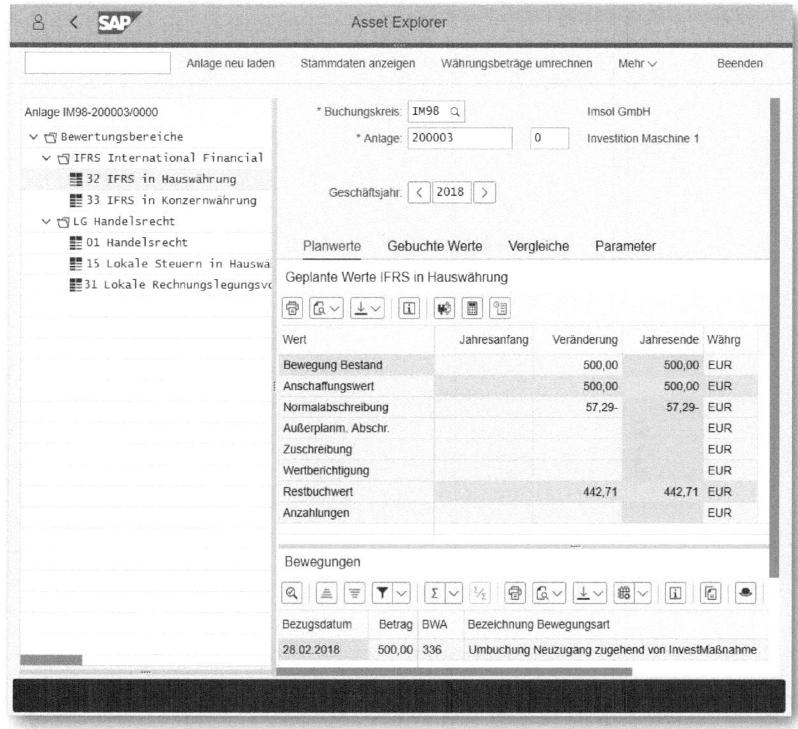

Abbildung 5.31: FI-AA – Werte fertige Anlage 20003, nach der Gesamtabrechnung

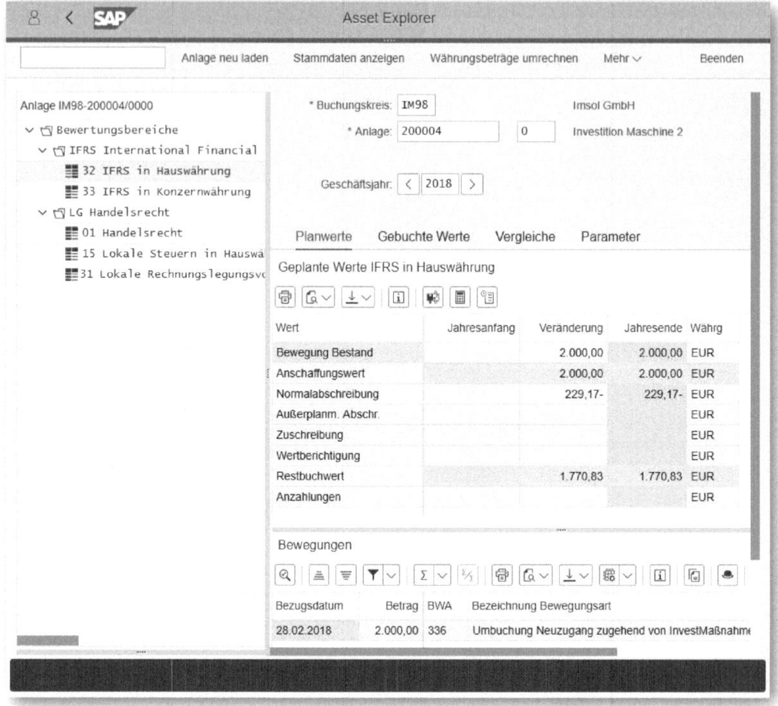

Abbildung 5.32: FI-AA – Werte fertige Anlage 20004, nach der Gesamtabrechnung

Ein Blick auf die Investitionsmaßnahme (Transaktion *CJI3*) zeigt, dass diese entlastet ist und den Saldo *0,00 EUR* trägt (siehe Abbildung 5.33).

Abbildung 5.34 veranschaulicht Ihnen noch einmal an einem Beispiel den Gesamtzusammenhang zwischen den Objekten im SAP IM und den gängigsten Abrechnungsstrukturen.

Nachdem wir in diesem Kapitel die Durchführung der Investitionsmaßnahmen genauer betrachtet haben, werden wir uns im nächsten Kapitel mit dem Jahreswechsel beschäftigen.

Projekte Einzelposten Istkosten anzeigen

Beleg Stammsatz

```
Anzeigevariante      /IM99_02                     Belegdatum/Objekt/Kostenart/Wert
Objekt               PSP J.01.01                  Investition Kantine
Kostenart            65001000   bis   65400000    Bezogene Leistungen...
Buchungsdatum        01.01.2018 bis   28.02.2018
```

Belegnummer	RefBelegnr	Belegdatum	OAr	Objekt	Kostenart	Kostenartenbezeichn.	Wert/KWähr	KWähr	WT
A0001RA400	100000000	22.01.2018	PSP	J.01.01	65001000	Bezogene Leistungen	1.000,00	EUR	4
300000000	3001	27.02.2018	PSP			Bezogene Leistungen	1.000,00-	EUR	4
A0001RA500	100000001	22.01.2018	PSP		65200000	Sonstiges Material	2.000,00	EUR	4
A0001RA700	3001	27.02.2018	PSP			Sonstiges Material	2.000,00-	EUR	4
A0001RA600	100000002	22.01.2018	PSP		65400000	Fracht/Fremdlager	500,00	EUR	4
A0001RA700	3001	27.02.2018	PSP			Fracht/Fremdlager	500,00-	EUR	4
				J.01.01			• 0,00	EUR	
							•• 0,00	EUR	

Abbildung 5.33: PS – Einzelposten der Investitionsmaßnahme

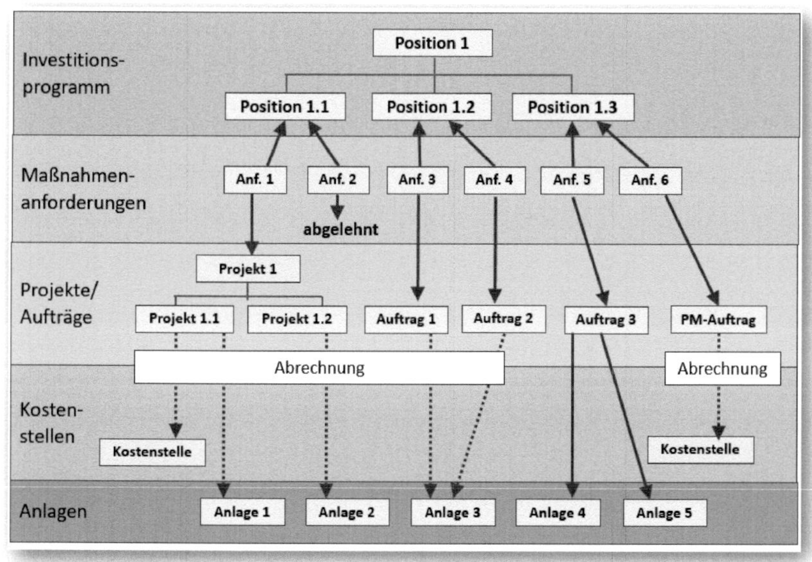

Abbildung 5.34: IM – Objekte, Zuordnung und Abrechnung im SAP IM

6 Jahreswechsel

Wie Sie bereits gelernt haben, spielt das sogenannte Genehmigungsjahr eine wichtige Rolle im Investitionsmanagement von SAP. Nähert sich im Verlauf der Investitionsabwicklung ein neues Geschäftsjahr, so müssen im SAP IM während der Realisierungsphase rechtzeitig vorbereitende Maßnahmen ergriffen werden.

6.1 Eröffnung des neuen Genehmigungsjahres

Wie in Abschnitt 2.1.1 erläutert, wird ein Investitionsprogramm immer zu einem Genehmigungsjahr angelegt. Ist dieses Genehmigungsjahr beendet, muss ein neues zum Investitionsprogramm angelegt werden. Der Zeitpunkt des Anlegens eines neuen Genehmigungsjahres kann in den einzelnen Unternehmen sehr unterschiedlich sein und richtet sich nach den internen Planungsprozessen. Meist liegt er in der zweiten Jahreshälfte des aktuellen Jahres. So eröffnet die Imsol GmbH das neue Geschäftsjahr Ende Oktober des laufenden Jahres, da zu diesem Zeitpunkt die Planung abgeschlossen ist und bereits Bestellungen für neu anzulegende Investitionsmaßnahmen des Folgejahres veranschlagt werden. Das Anlegen des neuen Genehmigungsjahres erfolgt über RECHNUNGSWESEN • INVESTITIONSMANAGEMENT • PROGRAMME • PERIODISCHE ARBEITEN • JAHRESWECHSEL • IM27 – ERÖFFNUNG NEUES GENEHMIGUNGSJAHR. Es kann immer nur das jeweils folgende Genehmigungsjahr angelegt werden.

Genehmigungsjahr

Machen Sie das Genehmigungsjahr nicht zum Bestandteil des Schlüssels (z. B.: INVEST20XX)! So haben Sie beim Jahreswechsel die Möglichkeit, unter Beibehaltung des Schlüssels ein Investitionsprogramm auf ein neues Genehmigungsjahr zu kopieren.

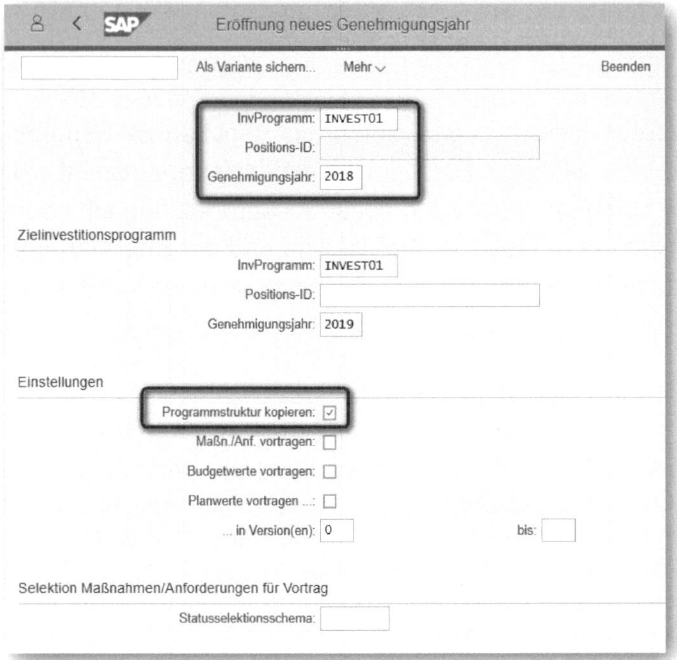

Abbildung 6.1: IM – Eröffnung eines neuen Genehmigungsjahres

In der Selektionsmaske aus Abbildung 6.1 können Sie unter EINSTELLUNGEN wählen, welche Werte Sie in das neue Genehmigungsjahr übernehmen möchten:

- Programmstruktur kopieren,
- Maßnahmen und Anforderungen vortragen,
- Budgetwerte vortragen,
- Planwerte vortragen.

Im Rahmen des Jahreswechsels der Imsol GmbH wird zunächst nur die Programmstruktur kopiert. Die Übernahme der Maßnahmenanforderungen, Maßnahmen, Planwerte und/oder Budgets erfolgt in gesonderten Schritten.

Zielinvestitionsprogramm

Es empfiehlt sich, immer das komplette Investitionsprogramm und nicht einzelne Programmpositionen zu bearbeiten, da es im Zuge einer Teilselektion zu Problemen bei der Integration des Gesamtprogramms kommen kann.

Wie schon mehrfach festgestellt, ist das Protokoll (Abbildung 6.2) auch hier nicht besonders aussagekräftig. Es bestätigt nur das eigentliche Anlegen des neuen Genehmigungsjahres, ohne weitere Details zu den einzelnen Positionen.

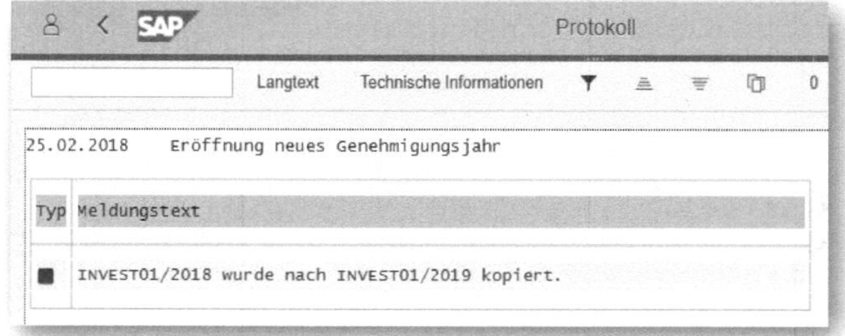

Abbildung 6.2: IM – Eröffnung neues Genehmigungsjahr, Protokoll

Abbildung 6.3 zeigt, dass die Struktur (Transaktion *IM22*) aus 2018 1:1 in das Genehmigungsjahr 2019 übernommen wurde. Diese kann nun für das Genehmigungsjahr 2019 nach Bedarf erweitert oder verändert werden.

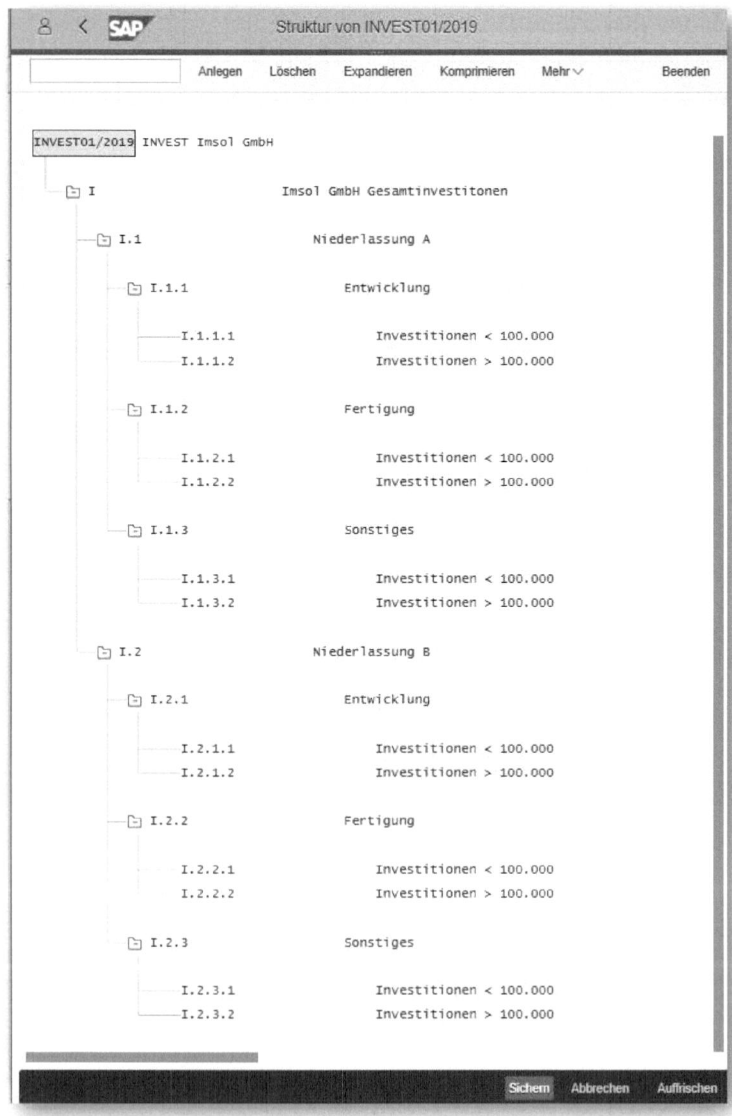

Abbildung 6.3: IM – Struktur 2019

6.2 Eröffnung eines neuen Genehmigungsjahres – Wiederholungslauf

In einem zweiten Schritt werden bei der Imsol GmbH durch einen Wiederholungslauf zur Eröffnung des neuen Genehmigungsjahres die Maßnahmenanforderungen und Maßnahmen des Genehmigungsjahres 2018 vorgetragen und dabei dem Genehmigungsjahr 2019 »bekannt gemacht«. Damit sind sie weiterhin dem Genehmigungsjahr 2018 zugeordnet, aber für das folgende bereits vorgemerkt.

Über RECHNUNGSWESEN • INVESTITIONSMANAGEMENT • PROGRAMME • PERIODISCHE ARBEITEN • JAHRESWECHSEL • IM27_REPEAT–ERÖFFNUNG NEUES GENEHMIGUNGSJAHR –WIEDERHOLUNGSLAUF können Sie einen solchen Wiederholungslauf durchführen (siehe Abbildung 6.4).

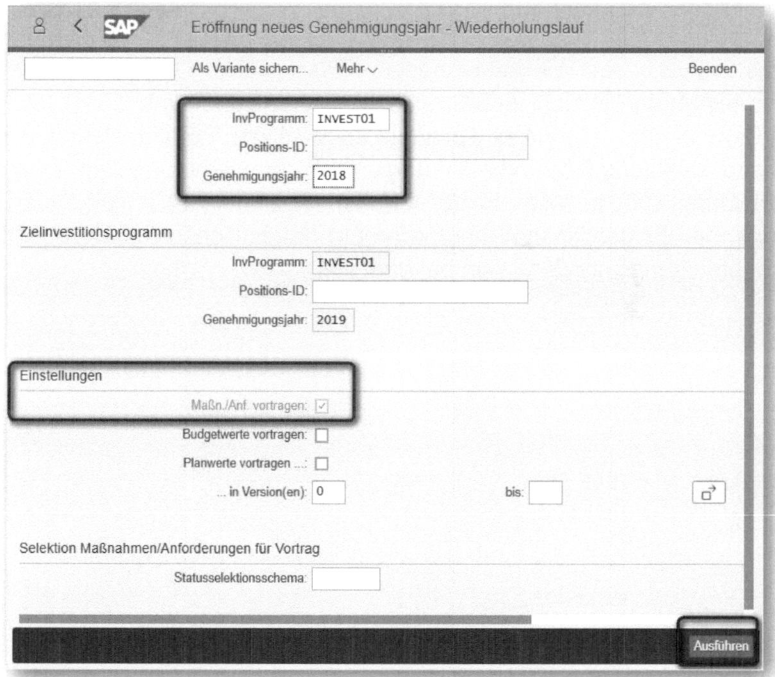

Abbildung 6.4: IM – Eröffnung neues Genehmigungsjahr, Wiederholungslauf

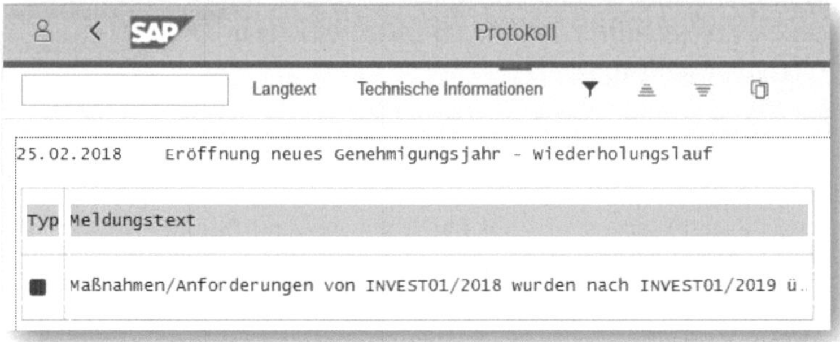

Abbildung 6.5: IM – Eröffnung neues Genehmigungsjahr, Wiederholungslauf-Protokoll

Bei dieser Transaktion bestätigt das Protokoll wiederum nur die eigentliche Übernahme, nicht aber, welche Objekte übernommen wurden (siehe Abbildung 6.5).

Das Ergebnis des Wiederholungslaufs lässt sich am besten mit dem uns bekannten Bericht ALLGEMEINE STRUKTUR- UND WERTELISTE darstellen. In den folgenden Abbildungen wird der Bericht einmal vor (siehe Abbildung 6.6) und einmal nach dem Wiederholungslauf (siehe Abbildung 6.7) gezeigt. In der zweiten Abbildung ist zu erkennen, dass die Investitionsmaßnahmen dem Investitionsprogramm zum Genehmigungsjahr 2019 nun bekannt sind.

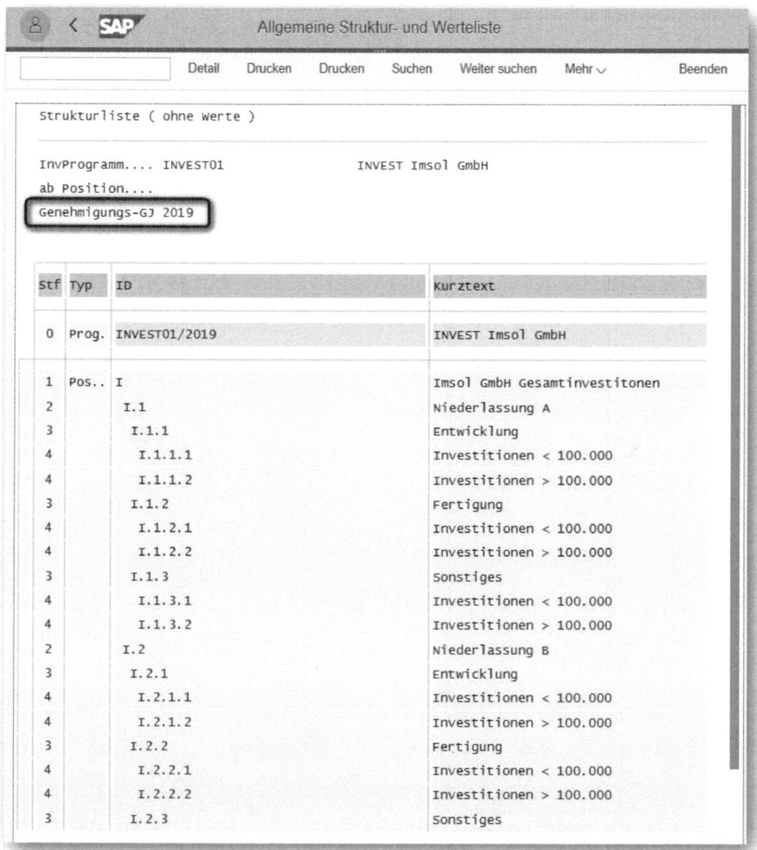

Allgemeine Struktur- und Werteliste

Detail Drucken Drucken Suchen Weiter suchen Mehr Beenden

Strukturliste (ohne Werte)

InvProgramm.... INVEST01 INVEST Imsol GmbH
ab Position....
Genehmigungs-GJ 2019

Stf	Typ	ID	Kurztext
0	Prog.	INVEST01/2019	INVEST Imsol GmbH
1	Pos..	I	Imsol GmbH Gesamtinvestitonen
2		I.1	Niederlassung A
3		I.1.1	Entwicklung
4		I.1.1.1	Investitionen < 100.000
4		I.1.1.2	Investitionen > 100.000
3		I.1.2	Fertigung
4		I.1.2.1	Investitionen < 100.000
4		I.1.2.2	Investitionen > 100.000
3		I.1.3	Sonstiges
4		I.1.3.1	Investitionen < 100.000
4		I.1.3.2	Investitionen > 100.000
2		I.2	Niederlassung B
3		I.2.1	Entwicklung
4		I.2.1.1	Investitionen < 100.000
4		I.2.1.2	Investitionen > 100.000
3		I.2.2	Fertigung
4		I.2.2.1	Investitionen < 100.000
4		I.2.2.2	Investitionen > 100.000
3		I.2.3	Sonstiges

Abbildung 6.6: Bericht S_ALR_87012806, vor Übernahme

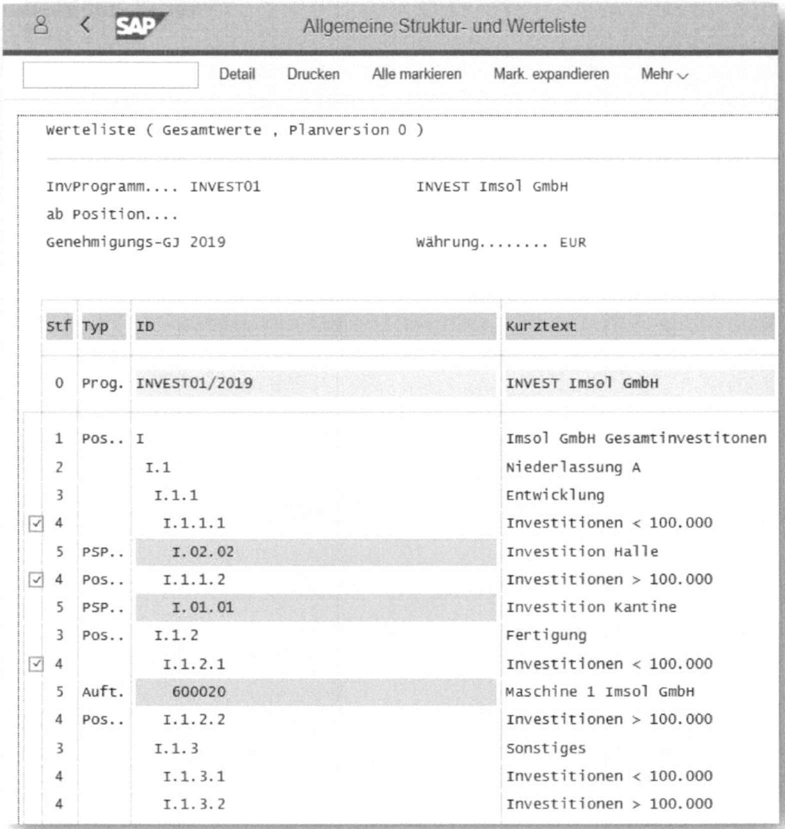

Allgemeine Struktur- und Werteliste

Detail Drucken Alle markieren Mark. expandieren Mehr

Werteliste (Gesamtwerte , Planversion 0)

InvProgramm.... INVEST01 INVEST Imsol GmbH

ab Position....

Genehmigungs-GJ 2019 Währung........ EUR

	Stf	Typ	ID	Kurztext
	0	Prog.	INVEST01/2019	INVEST Imsol GmbH
	1	Pos..	I	Imsol GmbH Gesamtinvestitonen
	2		I.1	Niederlassung A
	3		I.1.1	Entwicklung
☑	4		I.1.1.1	Investitionen < 100.000
	5	PSP..	I.02.02	Investition Halle
☑	4	Pos..	I.1.1.2	Investitionen > 100.000
	5	PSP..	I.01.01	Investition Kantine
	3	Pos..	I.1.2	Fertigung
☑	4		I.1.2.1	Investitionen < 100.000
	5	Auft.	600020	Maschine 1 Imsol GmbH
	4	Pos..	I.1.2.2	Investitionen > 100.000
	3		I.1.3	Sonstiges
	4		I.1.3.1	Investitionen < 100.000
	4		I.1.3.2	Investitionen > 100.000

Abbildung 6.7: Bericht S_ALR_87012806, nach Übernahme

Um im neuen Genehmigungsjahr die Objekte des aktuellen Genehmigungsjahrs sehen zu können, müssen Sie, wie Abbildung 6.8 zeigt, bei der Selektion einen Haken im Feld AUCH ALTE WERTE UND MAßN./ANF. setzen. In diesem Fall werden alle direkt zugeordneten Objekte wie auch alle *bekannt gemachten* Objekte selektiert.

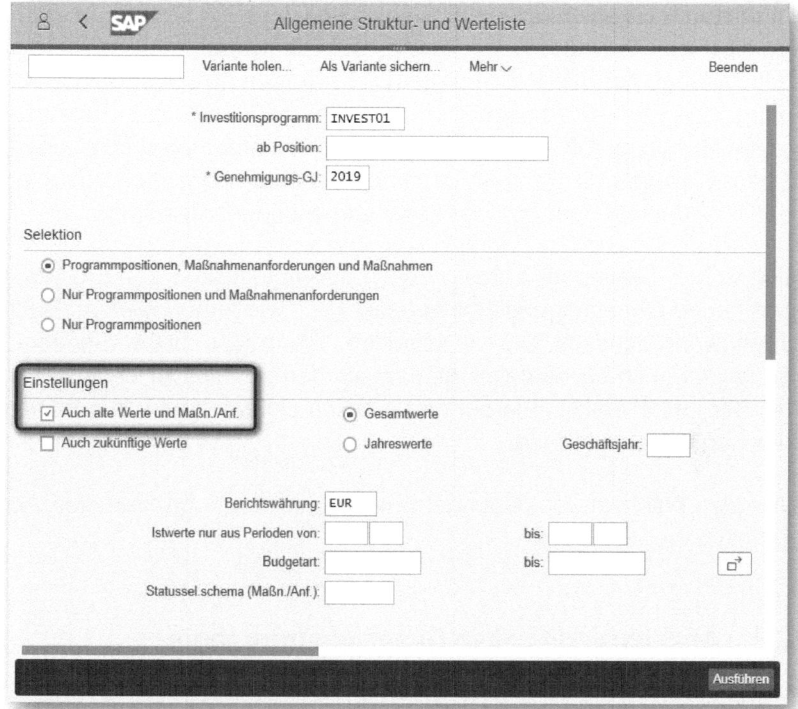

Abbildung 6.8: Selektion Feld »Auch alte Werte und Maßn./Anf.«

Die Transaktion *IM27_Repeat* (Eröffnung neues Genehmigungsjahr – Wiederholungslauf) kann beliebig oft wiederholt werden. Wesentlich für das Durchführen dieser Transaktion ist, dass nur laufende Maßnahmen vorgetragen werden. Alle Maßnahmen, die den Systemstatus *ABGS – abgeschlossen* besitzen, verbleiben im aktuellen Genehmigungsjahr. Für die Praxis bedeutet dies: Solange beide Genehmigungsjahre parallel bestehen, werden die Maßnahmen dem neuen Genehmigungsjahr wieder »abgehängt«, bei denen zwischen zwei Wiederholungsläufen der Systemstatus auf *ABGS* geändert wurde. Damit wird sichergestellt, dass abgeschlossene Investitionen nicht in das nächste Genehmigungsjahr übertragen werden.

In unserem Beispiel der Imsol GmbH verzichten wir bewusst auf den Vortrag der Plan- und Budgetwerte. Die Planwerte stehen direkt auf den Maßnahmen (PSP-Elementen) und werden im neuen Genehmigungsjahr, wie in Abschnitt 3.1.5 dargestellt, über die Transaktion *IM34* hochgerollt und in das Investitionsprogramm übergeben. Ebenso werden im Rahmen der Integration aus dem Programmplan das Programmbudget und das Maßnahmenbudget erzeugt.

Wie schon beschrieben, kann der Wiederholungslauf zur Eröffnung des neuen Genehmigungsjahres beliebig oft wiederholt werden. Doch irgendwann müssen Sie entscheiden, wann das neue Genehmigungsjahr auch als aktuelles genutzt werden soll. Dieser Zeitpunkt ist bei der Imsol GmbH, wie bei den meisten Unternehmen, der Beginn des neuen Kalenderjahrs.

Wie der Wechsel vonstattengeht, werde ich Ihnen im nächsten Abschnitt näher erläutern.

6.3 Abschluss des alten Genehmigungsjahres

Die Transaktion *IM27_CLOSE* zum Wechsel des aktiv genutzten Genehmigungsjahrs rufen Sie über RECHNUNGSWESEN • INVESTITIONSMANAGEMENT • PROGRAMME • PERIODISCHE ARBEITEN • JAHRESWECHSEL • IM27_CLOSE – ABSCHLUSS ALTES GENEHMIGUNGSJAHR auf.

In der Selektionsmaske (siehe Abbildung 6.9) können Sie die vorzutragenden Werte auswählen. Wir beschränken unseren Vortrag erneut auf die Maßnahmen und Anforderungen und verzichten auf die Plan- und Budgetwerte.

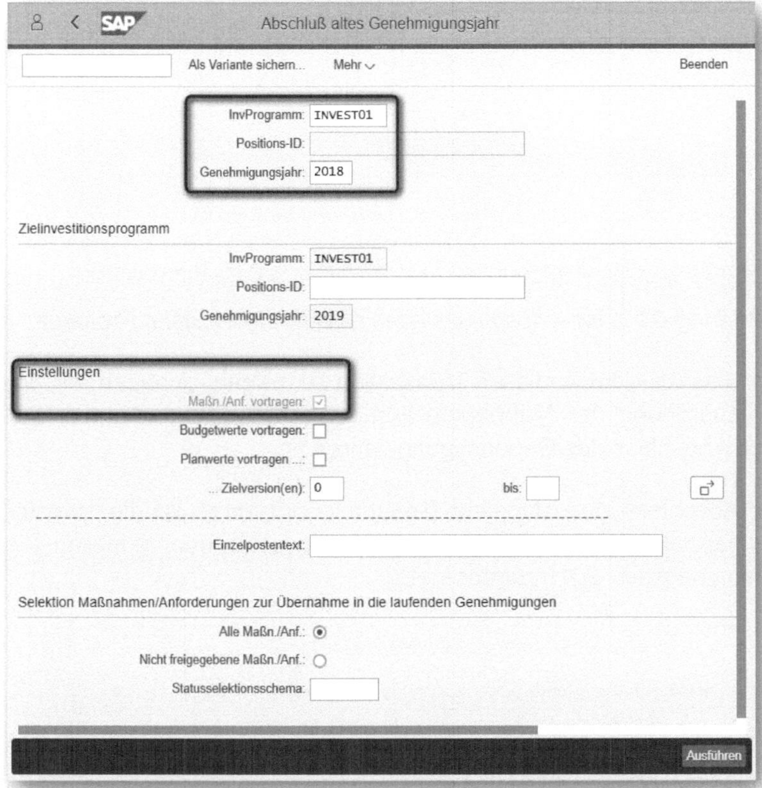

Abbildung 6.9: IM – Abschluss altes Genehmigungsjahr

Auch bei dieser Transaktion bestätigt das Protokoll nur die eigentliche Übernahme, nicht aber, welche Objekte übernommen wurden (siehe Abbildung 6.10).

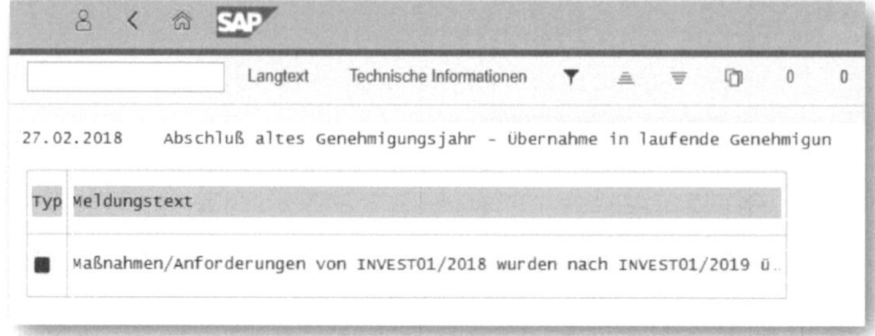

Abbildung 6.10: IM – Abschluss altes Genehmigungsjahr, Protokoll

Um die Auswirkung dieser Transaktion zu zeigen, schauen wir uns die Zuordnung der Maßnahme zum Investitionsprogramm vor und nach Abschluss des Genehmigungsjahres an.

Vor Abschluss des aktuellen Genehmigungsjahres ist die Investitionsmaßnahme, wie in Abbildung 6.11 dargestellt, dem aktuellen Genehmigungsjahr *2018* zugeordnet.

Abbildung 6.11: PS – Zuordnung PSP zu Genehmigungsjahr vor Abschluss

Nach Abschluss des Genehmigungsjahres ist die Investitionsmaßnahme dem Genehmigungsjahr *2019* zugeordnet (siehe Abbildung 6.12).

Diese Zuordnung ist auch manuell nicht mehr änderbar (siehe Abbildung 6.13).

Abbildung 6.12: PS – Zuordnung PSP zu Genehmigungsjahr nach Abschluss

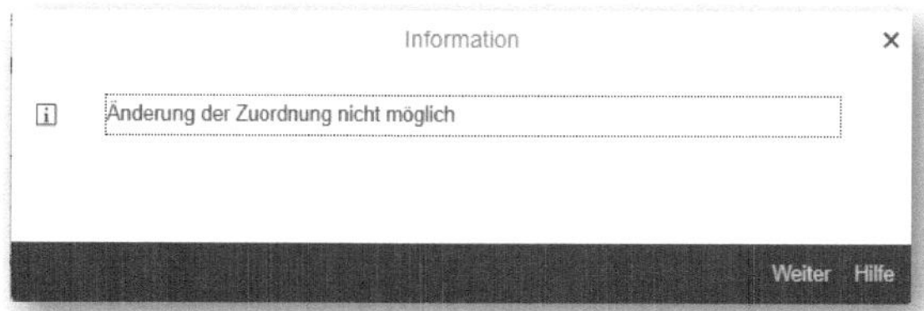

Abbildung 6.13: PS – Zuordnung, Änderung nicht mehr möglich

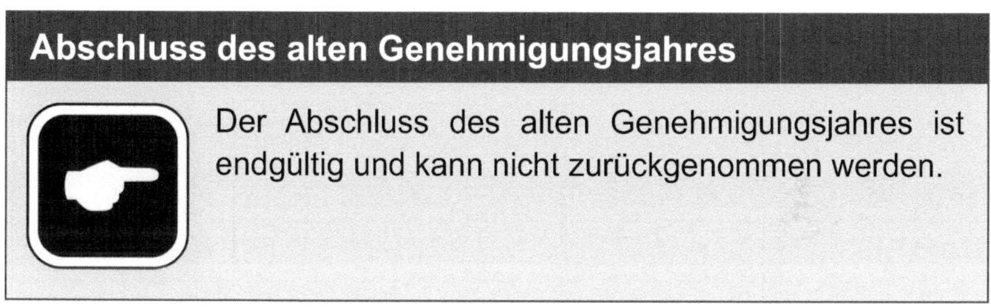

Abschluss des alten Genehmigungsjahres

Der Abschluss des alten Genehmigungsjahres ist endgültig und kann nicht zurückgenommen werden.

Sollte die Maßnahme auch in 2019 nicht abgeschlossen und in das Genehmigungsjahr 2020 übertragen werden, dann wird die Zuordnung erneut vom System automatisch auf 2020 usw. geändert.

Sie haben nun wesentliche Aspekte zum Thema »Jahreswechsel« kennengelernt. Das nächste Kapitel widmet sich der Auswertung aller Werteflüsse von Maßnahmenanforderungen und Investitionsmaßnahmen. Dazu möchte ich Ihnen eine kurze Übersicht der im SAP IM zur Verfügung gestellten Standardberichte vorstellen.

7 Berichte

Berichte sind Instrumente der Kontrollphase, mit denen Sie die verschiedenen Objekte des SAP-Investitionsmanagements nach unterschiedlichsten Aspekten analysieren können. SAP stellt Ihnen hierfür eine Vielzahl von Standardberichten zur Verfügung.

Standardberichte des Moduls SAP IM können Sie im Anwendungsmenü unter RECHNUNGSWESEN • INVESTITIONSMANAGEMENT • PROGRAMME • INFOSYSTEM • BERICHTE ZUM INVESTITIONSMANAGEMENT aufrufen.

Es stehen hier folgende Berichtsgruppen zur Verfügung:

- Programmberichte »klassisch«,
- Maßnahmenanforderungen,
- Projektinfosystem (kaufmännischer Teil),
- Innenaufträge,
- Anlagen,
- Programmberichte HANA-optimiert.

Die zu den einzelnen Berichtsgruppen gehörenden wesentlichen Berichte sind nachfolgend in Abbildung 7.1 bis Abbildung 7.6 dargestellt.

7.1 Berichte zum IM-Programm

In der Berichtsgruppe PROGRAMME AKTUELLE DATEN finden Sie Reports zur ALLGEMEINEN STRUKTUR- UND WERTELISTE, zu PLAN- und BUDGETWERTEN sowie zur VERFÜGBARKEIT und AFA-VORAUSSCHAU (siehe Abbildung 7.1).

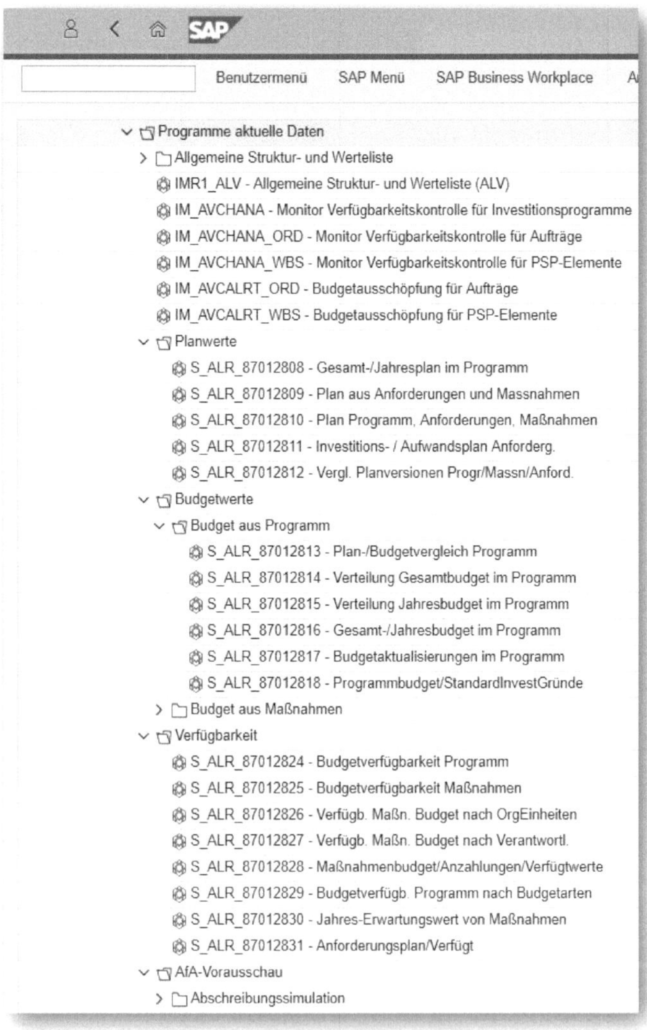

Abbildung 7.1: IM – Berichte, Programme

Mit diesen Berichten können Sie Strukturen, Budgets aus Maßnahmen und Programmpositionen, die Verfügbarkeit von Budgets, Planwerte, IST-Werte, Obligen, Abschreibungssimulationen für Programme sowie Programmpositionen oder Maßnahmen auswerten.

7.2 Berichte zu Maßnahmenanforderungen

Unter Verwendung der Berichte der Berichtsgruppe MAßNAHMENANFORDERUNGEN ist die Verarbeitung der Werte und Summen zu Maßnahmenanforderungen und Stammdatenlisten möglich (siehe Abbildung 7.2).

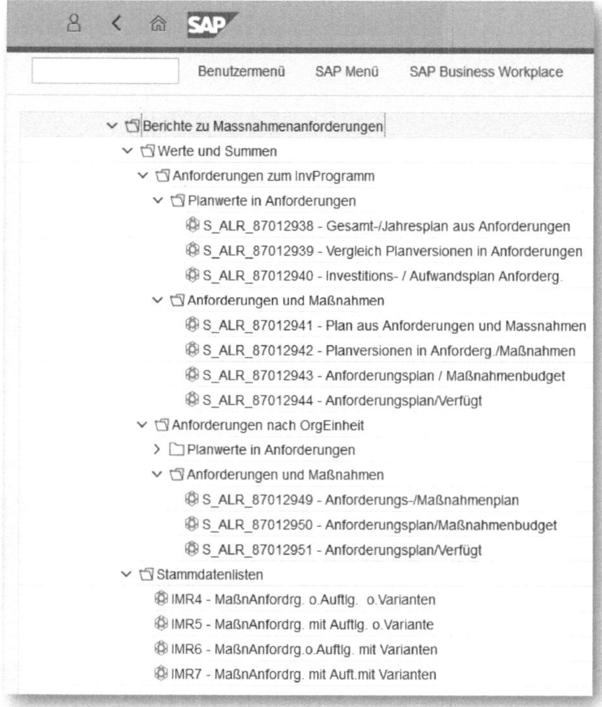

Abbildung 7.2: IM – Berichte in der Gruppe »Maßnahmenanforderungen«

7.3 Berichte zu Projekten und PSP-Elementen

In der Berichtsgruppe PROJEKTINFOSYSTEM (KAUFMÄNNISCHER TEIL) (siehe Abbildung 7.3) finden Sie Projektberichte zur Auswertung des Investitionsobjekts PSP-Element hinsichtlich Kosten, Erlösen, Zahlungen, Einzelposten und Belegauswertungen. Die gleichen Berichte können Sie ebenfalls aus dem Infosystem des SAP-Projektsystems aufrufen.

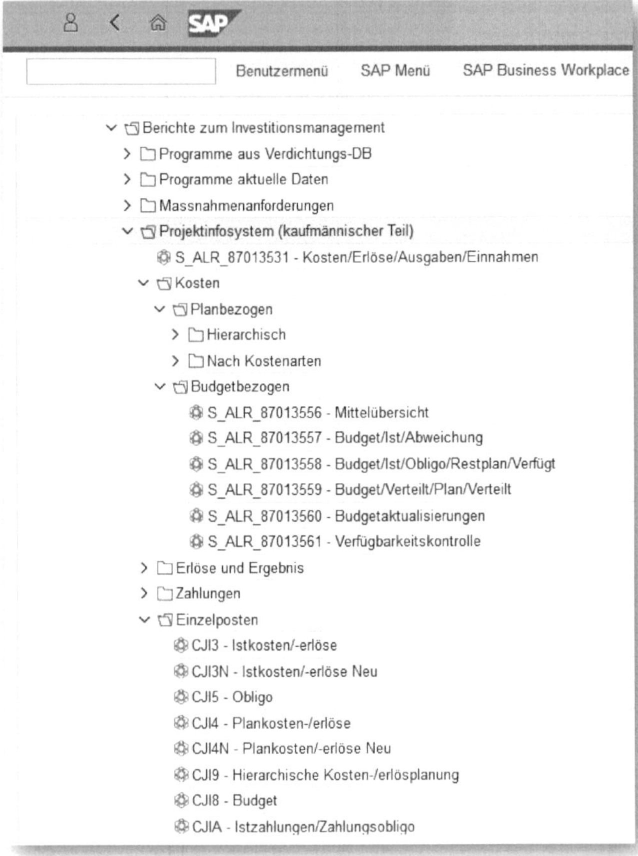

Abbildung 7.3: IM – Berichte in der Gruppe »Projektinfosystem«

7.4 Berichte zu Innenaufträgen

Die Berichtsgruppe INNENAUFTRÄGE beinhaltet Plan/Ist- und Ist/Ist-Vergleiche sowie Planungsberichte, Einzelpostenauswertungen und Stammdatenberichte bezogen auf das Investitionsobjekt »Innenauftrag« (siehe Abbildung 7.4). Auch zu den Aufträgen finden Sie die gleichen Berichte im Infosystem des Moduls SAP-Innenaufträge.

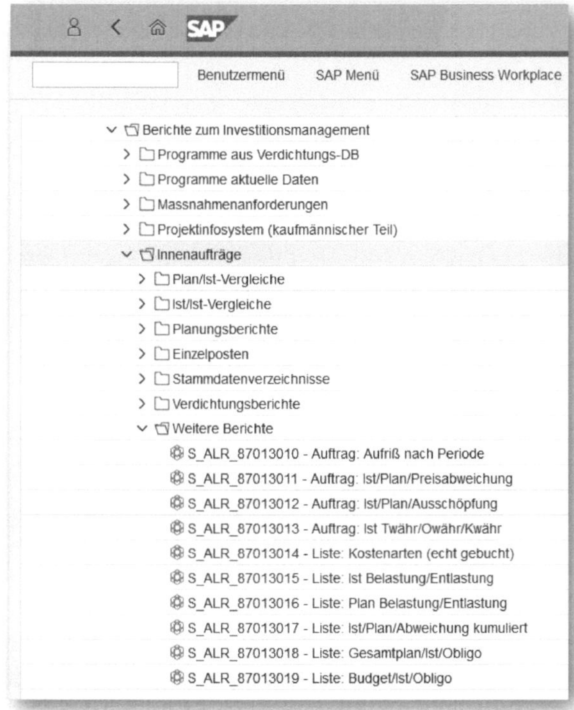

Abbildung 7.4: IM – Berichte in der Gruppe »Innenaufträge«

7.5 Berichte zu Anlagen

In der letzten Berichtsgruppe ANLAGEN (siehe Abbildung 7.5) sind Standardberichte zu Auswertung der Anlagen hinterlegt.

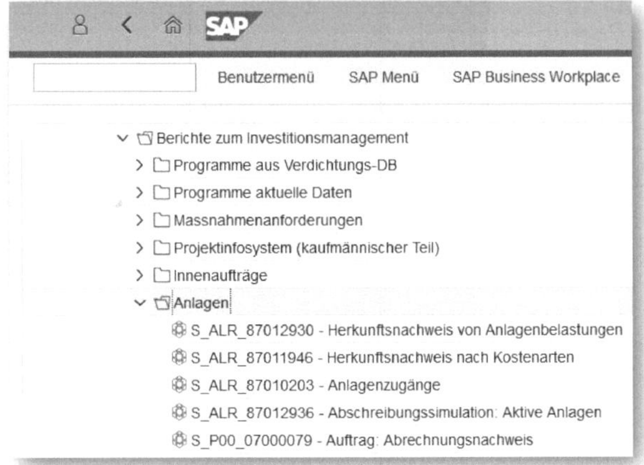

Abbildung 7.5: IM – Berichte in der Gruppe »Anlagen«

SAP stellt Ihnen zu den einzelnen Objekten des Investitionsmanagements eine große Anzahl unterschiedlicher Standard-Berichte mit unterschiedlichen Auswertungsschwerpunkten zur Verfügung. Es obliegt nun jedem Unternehmen, den bzw. die geeigneten Bericht(e) zu bestimmen.

7.6 Programmberichte unter Nutzung der HANA-Datenbank

Ab dem Releasestand SAP ERP 6.0 Support Package SAPKH60022 liefert SAP eine neue Funktionalität für das Berichtswesen im SAP-IM-Umfeld aus. Es ist nun möglich, auch große Datenbestände unter Nutzung einer HDB (hybride Datenbank, z. B. SAP HANA) in Echtzeit zu verarbeiten und auszuwerten. Neben der Funktion der «Freien Abgrenzungen« stehen als Selektionskriterien alle Felder der Tabelle PRPS zur Verfügung, mit Ausnahme des Feldes PSPNR sowie der Felder des Datentyps DATS (Datumsfeld), TIMS (Zeitfeld), QUAN (Mengenfeld) und CURR (Währungsfeld).

Abbildung 7.6: Programmberichte unter Nutzung einer HDB

8 Fiori-Apps im Rahmen des Investitonsmanagements

Mit dem Produkt SAP S/4HANA hat die SAP das »SAP Fiori Launchpad« als neue Oberfläche und Alternative zum klassischen SAP GUI zur Verfügung gestellt. Neben der Verwendung des in den Kapiteln 1 bis 7 beschriebenen Menüs »SAP Easy Access« kann der Benutzer nun zusätzlich die unterschiedlichsten Fiori-Apps einsetzen. Im Folgenden werden die wesentlichen Fiori-Apps, die im Rahmen der Investitionsabwicklung relevant sind, kurz dargestellt.

Beispielhaft werden wir folgende SAP-Module betrachten:

- Investitionsmanagement,
- Projektsystem,
- CO-Innenaufträge,
- Anlagenbuchhaltung.

Fiori App Library

Alle zur Verfügung stehenden Applikationen können Sie sehr bequem über die *Fiori App Library* (*https://fioriappslibrary.hana.ondemand.com/sap/fix/externalViewer/index.html#*) suchen (siehe Abbildung 8.1). Hier finden Sie Informationen zur Implementierung und Konfiguration, bezogen auf die jeweilige SAP S/4HANA-Produktversion.

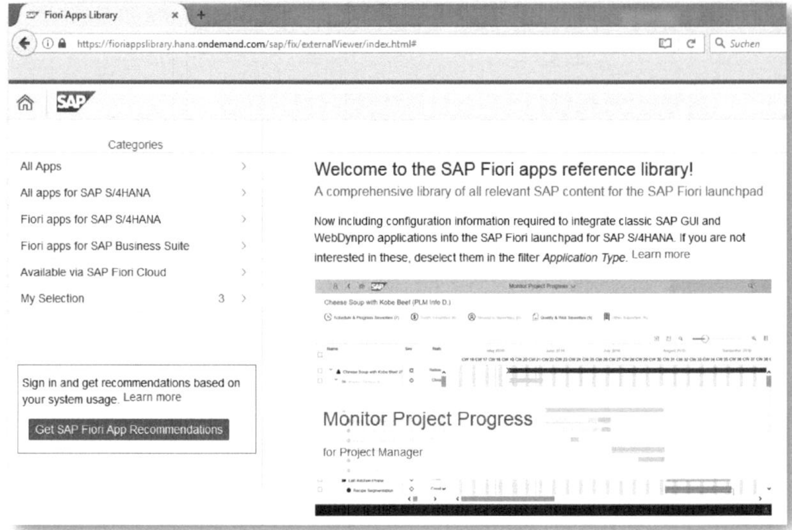

Abbildung 8.1: Fiori App Library

8.1 Investitionsmanagement

Aktuell sind keine Fiori-Apps im Auslieferungsumfang des Moduls SAP IM vorgesehen. Dies bedeutet, dass das gesamte Handling im SAP Investitionsmanagement über den Eintrag START SAP EASY ACCESS im *SAP Fiori Launchpad* erfolgen muss, wie in Abbildung 8.2 und Abbildung 8.3 dargestellt.

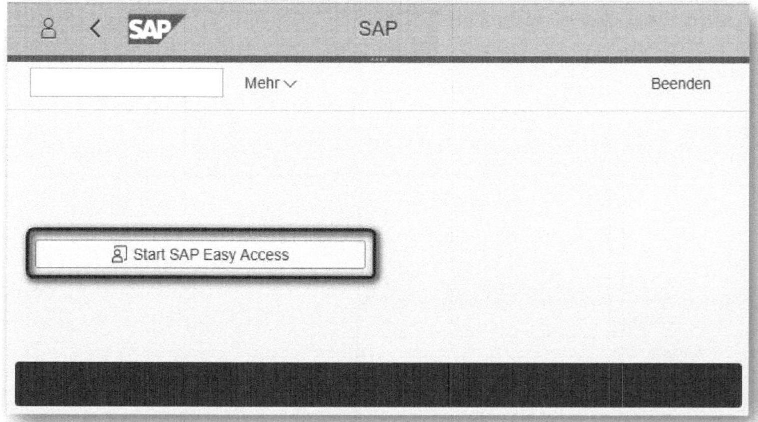

Abbildung 8.2: Start von SAP Easy Access in SAP S/4HANA

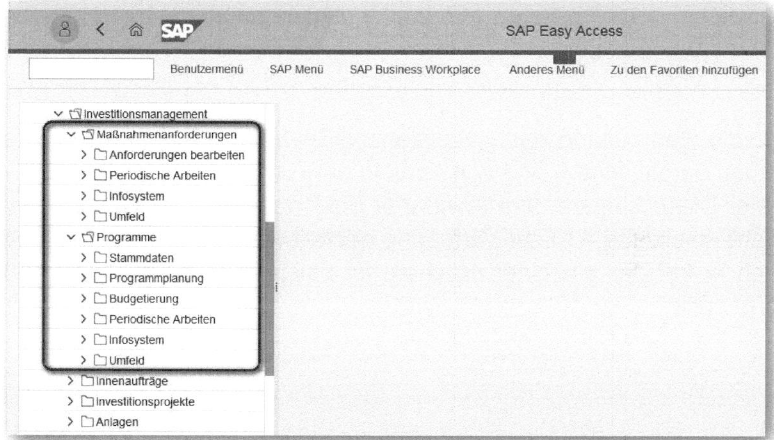

Abbildung 8.3: SAP-Easy-Access-Menü in SAP S/4HANA

Hier können nun die aus bisherigen ERP-Zeiten bekannten Transaktionen aufgerufen und bearbeitet werden, wie Abbildung 8.4 anhand der IM-Programmstruktur zeigt.

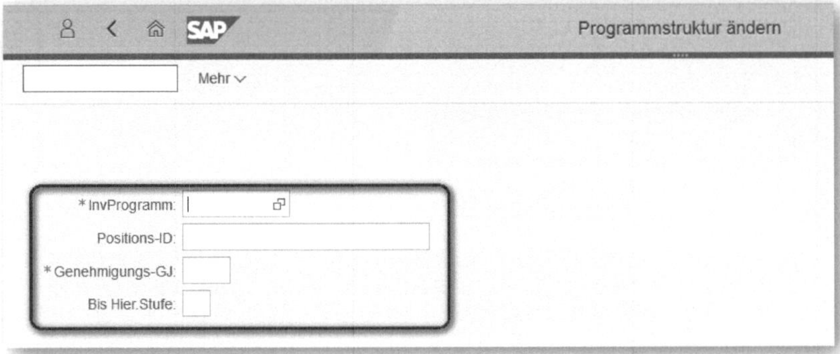

Abbildung 8.4: Programmstruktur unter SAP S/4HANA ändern

8.2 Projektsystem

Für die Bearbeitung der Investitionsmaßnahmen als PSP-Elemente stehen bereits eine Reihe von Apps in der Fiori App Library zur Verfügung. Diese können dem Anwender über das SAP Fiori Launchpad (siehe Abbildung 8.5) zur Verfügung gestellt werden. Die Bearbeitung nach Aufruf der einzelnen Kacheln ist beispielhaft in Abbildung 8.6 dargestellt.

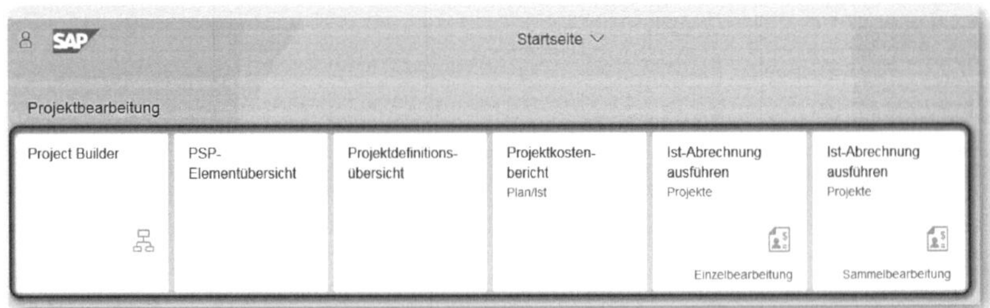

Abbildung 8.5: Apps zur Projektbearbeitung

Actual Settlement: Project/WBS Element/Network

More

Project:

or

WBS Element:

or

Network:

With hierarchy

With orders

Parameters

* Settlement Period: | Posting period:

* Fiscal Year: | Asset Value Date:

* Processing Type: Automatic

Processing Options

Test Run

Detail List | Layouts

Check Trans. Data

Abbildung 8.6: Anwendung »Projekt abrechnen« in SAP S/4HANA

Fiori-Apps zur Projektbearbeitung

Die Fiori-Apps zur Projektbearbeitung finden Sie in der Fiori App Library unter dem Suchbegriff »Project Financial Controller« mit folgenden Attributen:

- Kachelkatalog: SAP_PS_BC_PROJ_FIN_CONTRL – Project Financial Control,
- Kachelgruppe: SAP_PS_BCG_PROJ_FIN_CONTRL – Project Financial Control,
- Benutzerrolle: SAP_BR_PROJ_FIN_CONTROLLER – Project Financial Controller.

8.3 CO-Innenaufträge

Ebenso bietet die Fiori App Library Anwendungen für die Bearbeitung der Investitionsmaßnahmen als CO-Innenaufträge. Diese können dann im SAP Fiori Launchpad wie in Abbildung 8.7 dargestellt verwendet werden. Die Bearbeitung nach Aufruf der einzelnen Kacheln wird beispielhaft in Abbildung 8.8 gezeigt.

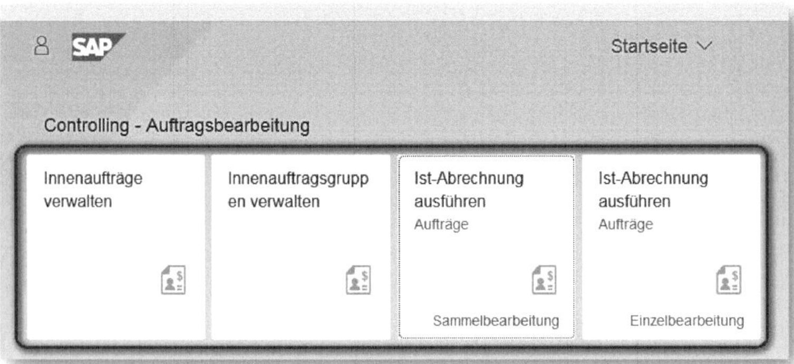

Abbildung 8.7: Fiori-Apps zur Auftragsbearbeitung

Abbildung 8.8: Anwendung »Innenauftrag bearbeiten« in SAP S/4HANA

Fiori-Apps zur Auftragsbearbeitung

Um alle Fiori-Apps zur Auftragsbearbeitung in der Library zu finden, suchen Sie nach dem »Cost Accountant - Overhead« mit folgenden Attributen:

- Kachelkatalog: SAP_SFIN_BC_OH_MD_OPA – Overhead Cost Accounting - Internal Order Master Data,
- Kachelgruppe: SAP_SFIN_BCG_MASTER_DATA – Master Data,
- Benutzerrolle: SAP_BR_OVERHEAD_ACCOUNTANT – Cost Accountant – Overhead.

8.4 Anlagenbuchhaltung

Im Rahmen der Anlagenbuchhaltung stehen inzwischen bereits die wichtigsten Anwendungen für Buchungen und die Bearbeitung der Stammdaten im SAP Fiori Launchpad bereit. Einige dieser Kacheln sind beispielhaft in Abbildung 8.9 dargestellt. Auch hier sind nach Aufruf der einzelnen Kacheln die Bearbeitung bzw. das »Look-and-feel« dem klassischen SAP GUI sehr ähnlich (siehe Abbildung 8.10).

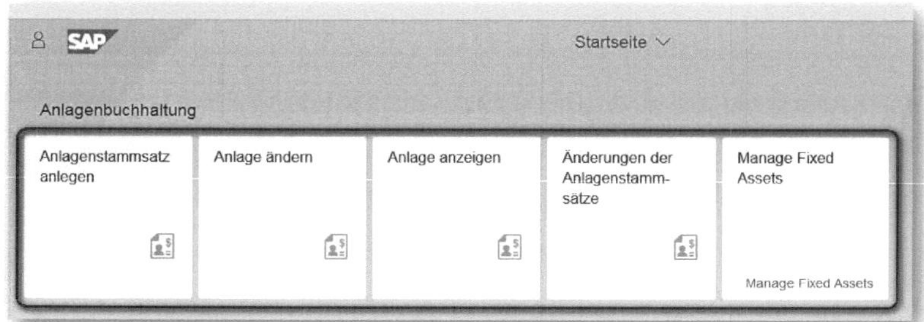

Abbildung 8.9: Fiori-Apps zur Anlagenbearbeitung

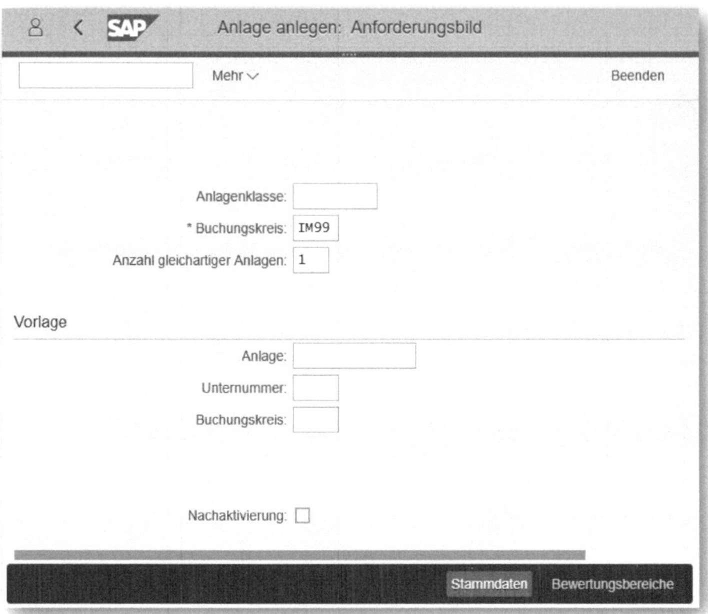

Abbildung 8.10: Anwendung »Anlage anlegen« in SAP S/4HANA

Fiori-Apps zur Anlagenbearbeitung

Die Fiori-Apps zur Anlagenbearbeitung finden Sie in der Fiori App Library. Hier suchen Sie nach dem »Asset Accountant« mit folgenden Attributen:

- Kachelkatalog: SAP_SFIN_BC_AA_MASTER_DATA – Asset Accounting - Master Data,
- Benutzerrolle: SAP_BR_AA_ACCOUNTANT – Asset Accountant.

9 Fazit

Ich hoffe, es ist mir gelungen, Ihnen im Verlauf dieses Buches zu vermitteln, dass das SAP-Investitionsmanagement mit wenigen Schritten eingerichtet werden kann. Durch die vielfältigen Möglichkeiten der individuellen Parametrisierung im Customizing kann dieses SAP-Modul für viele Unternehmen ein sinnvolles Instrument zur systemtechnisch unterstützten Abwicklung von Investitionen sein.

So steht den Unternehmen mit der Möglichkeit der Nutzung von Maßnahmenanforderungen ein flexibles Mittel zur Abbildung der Ideenfindungsphase zur Verfügung. Gleichzeitig erlauben diese Maßnahmenanforderungen eine Dokumentation und Historisierung aller geplanten Investitionen. Die Integration anderer SAP-Module gewährleistet einen nachvollziehbaren Wertefluss, der mittels einer Vielzahl zur Verfügung stehender SAP-Standardberichte unter Berücksichtigung aller Aspekte ausgewertet und analysiert werden kann.

Soll eine integrierte unternehmensweite Budgetierung unter Nutzung der Verfügbarkeitskontrolle abgebildet werden, so kann dies optimal durch Verwendung von Investitionsprogrammen im SAP IM erfolgen.

Möchten Sie hingegen »nur« auf einzelnen Investitionsobjekten planen, budgetieren, die Verfügbarkeit des Budgets darstellen und/oder aktiv die Verfügbarkeitskontrolle ohne die Integration zu einem Gesamt-Unternehmensbudget nutzen, so kann dies direkt in den einzelnen Modulen SAP PS und SAP CO-OM ohne Anwendung des Moduls SAP IM geschehen.

In SAP S/4HANA stehen neben dem SAP Easy Access im SAP Fiori Launchpad die wesentlichen Anwendungen aus den Modulen SAP PS, SAP CO-OM, SAP FI und SAP FI-AA als App zur Verfügung.

Die Anwendungen aus dem SAP IM sind zum Zeitpunkt des Verfassens dieses Buches »nur« über das SAP Easy Access im SAP Fiori Launchpad verfügbar.

Sie haben das Buch gelesen und sind mit unserem Werk zufrieden? Bitte schreiben Sie uns eine Rezension!

Unser Newsletter

Wir informieren Sie über Neuerscheinungen und exklusive Gratisdownloads in unserem Newsletter.

Melden Sie sich noch heute an unter *http://newsletter.espresso-tutorials.com*

A Der Autor

Robin Schneider ist langjährig als Managementberater und Projektleiter tätig. Der Schwerpunkt seiner Tätigkeit liegt in der Leitung von Projekten sowie in der Begleitung kaufmännischer Prozesse und deren Abbildung in ERP-Systemen, insbesondere SAP® und SAP S/4HANA®. Zuvor war er im Konzerncontrolling eines Großunternehmens beschäftigt.

Zusätzlich ist er seit Juni 2007 im Sprecherteam des Arbeitskreises »Financial« in der DSAG (Deutschsprachige SAP-Anwendergruppe e.V.) engagiert.

Seit 2009 ist Robin Schneider zertifizierter »Project Management Professional – PMP« (by PMI®). Zudem leitet und moderiert er seit Jahren Seminare und Schulungen zu den unterschiedlichsten Themen im Bereich SAP und Projektmanagement.

B Index

E

F

G

I

J

K

M

N

O

P

Q

R

S

T

U

V

W

Z

C Disclaimer

Die in diesem Werk wiedergegebenen Gebrauchsnamen, Handelsnamen, Warenbezeichnungen usw. können auch ohne besondere Kennzeichnung Marken sein und als solche den gesetzlichen Bestimmungen unterliegen. Sämtliche in diesem Werk abgedruckten Bildschirmabzüge unterliegen dem Urheberrecht der SAP SE, Dietmar-Hopp-Allee 16, 69190 Walldorf.

In dieser Publikation wird auf Produkte der SAP SE Bezug genommen. SAP, R/3, SAP NetWeaver, Duet, PartnerEdge, ByDesign, SAP BusinessObjects Explorer, StreamWork und weitere im Text erwähnte SAP-Produkte und Dienstleistungen sowie die entsprechenden Logos sind Marken oder eingetragene Marken der SAP SE in Deutschland und anderen Ländern. Business Objects und das Business-Objects-Logo, BusinessObjects, Crystal Reports, Crystal Decisions, Web Intelligence, Xcelsius und andere im Text erwähnte Business-Objects-Produkte und Dienstleistungen sowie die entsprechenden Logos sind Marken oder eingetragene Marken der Business Objects Software Ltd. Business Objects ist ein Unternehmen der SAP SE. Sybase und Adaptive Server, iAnywhere, Sybase 365, SQL Anywhere und weitere im Text erwähnte Sybase-Produkte und -Dienstleistungen sowie die entsprechenden Logos sind Marken oder eingetragene Marken der Sybase Inc. Sybase ist ein Unternehmen der SAP SE. Alle anderen Namen von Produkten und Dienstleistungen sind Marken der jeweiligen Firmen. Die Angaben im Text sind unverbindlich und dienen lediglich zu Informationszwecken. Produkte können länderspezifische Unterschiede aufweisen.

Der SAP-Konzern übernimmt keinerlei Haftung oder Garantie für Fehler oder Unvollständigkeiten in dieser Publikation. Der SAP-Konzern steht lediglich für Produkte und Dienstleistungen nach der Maßgabe ein, die in der Vereinbarung über die jeweiligen Produkte und Dienstleistungen ausdrücklich geregelt ist. Aus den in dieser Publikation enthaltenen Informationen ergibt sich keine weiterführende Haftung.

Weitere Bücher von Espresso Tutorials

Andreas Unkelbach, Martin Munzel:

Schnelleinstieg ins SAP® Controlling (CO)

- Gemeinkostencontrolling (CO-OM)
- Produktcostencontrolling (CO-PC)
- Ergebnis- und Marktsegmentrechnung (CO-PA)
- Profitcenter-Rechnung (EC-PCA)

http://4004.espresso-tutorials.com

Stefan Eifler:

Schnelleinstieg in die SAP®-Ergebnisrechnung (CO-PA)

- Deckungsbeitragsrechnung erfolgreich aufbauen
- Wertefluss definieren, Planung optimieren
- inklusive 5 Video-Tutorials

http://5001.espresso-tutorials.com

Andreas Jansen:

Schnelleinstieg in das SAP®-Produktkostencontrolling (CO-PC)

- SAP ERP-Produktkostenrechnung Schritt für Schritt erklärt
- Stammdaten, Kalkulationsvarianten und Erzeugniskalkulation kompakt dargestellt
- Details zum integrativen CO-Wertefluss
- Durchgängig illustriertes Fallbeispiel

http://5099.espresso-tutorials.de

Andreas Unkelbach:

Berichtswesen im SAP®-Controlling

- Grundlagen der Berichtskonzeption im SAP Controlling
- Entwicklung eines internen Berichtswesens in SAP ERP CO
- Varianten zur Selektion von Bewegungsdaten
- Export von Berichten nach Exceldie Rolle von BW im operativen SAP –Berichtswesen

http://5150.espresso-tutorials.de

Claus Wild, Janet Salmon:

Schnelleinstieg in SAP® S/4HANA Finance

- Verstehen der Grundlagen von SAP S4/HANA Finance
- Erkunden der neuen Architektur, Konfigurationsoptionen und SAP Fiori
- Untersuchen der Migrationsschritte hin zu SAP S4/HANA Finance
- Bewerten der Auswirkungen auf die Geschäftsprozesse

http://5151.espresso-tutorials.de

Martin Munzel, Renata Munzel:

Projektcontrolling mit SAP® PS

- strukturieren – PSP, Netzplan, Meilenstein
- planen – Easy Cost Planning, Hierarchie, Netzplan
- pflegen – Anlegen, Ändern und Löschen mittels Project Builder
- integrieren – Übergang zu anderen SAP-Modulen

http://5156.espresso-tutorials.de